プラス月5万円で暮らしを楽にする 超かんたんアフィリエイト

鈴木利典〔著

SE
SHOEISHA

はじめに

まずは本書を手に取っていただけたことを、深く感謝いたします。

本書をお読みいただけるということは、メインの収入以外に副収入が欲しいと考えているか、アフィリエイトに関心があるからでしょう。消費増税に対して増えない給料。少しでも家計を楽にしたいという思いで手に取られた方もいるでしょう。アフィリエイトで少しでも収入を増やしたいという思いを持つ人は年々増えています。しかし、「具体的に何をしてよいのかわからない」という方が非常に多いのではないでしょうか。また、アフィリエイトを行うために大きな初期投資が必要と思い込んでしまう人もいます。さらに、アフィリエイトは怪しい手法だと勘違いされている方も数多くいます。

アフィリエイトは、限りなくゼロに近い金額で始めることができます。正当な広告事業であり、まったく怪しいものではありません。「包丁は指を切るから使うべきではない！」なんていう人はいませんよね。アフィリエイトも同じです。人を幸せにできることもあります。問題は取り組み方です。怪しいと言われるようになったのは、一部の人がアフィリエイトにはお金がかかると言ったり、高額な情報を購入しないと収益を上げるのは無理だと言ったりして、役にも立たない情報商材を販売し始めたことが原因です。

本書では、パソコンでネットショッピングが楽しめるくらいの知識がある方なら誰でも、気軽にアフィリエイトが始められることを説明しています。特別難しい知識は必要ありません。しかし、アフィリエイトで確実に収益を増やしていくためには、きちんとおさえておかなければいけない基本がいくつかあります。後々はテクニカルな部分も必要です。

アフィリエイトで収益を上げるための基本は3つだけです。継続すること、相手を思う気持ちで記事を書くこと、そして楽しんで行うことです。この3つを守っていけば、確実にアフィリエイトで月に5万円を稼ぐことはできるでしょう。本書ではこの3つに加え、テクニカルな面も解説しています。

本書がアフィリエイトをしようと思っている方に少しでも役立てば幸甚です。

２０１６年4月 鈴木利典

Interview

巻頭特集

大御所・現役アフィリエイターに聞く！

成功のコツ

- 染谷昌利
- あびるやすみつ
- cardmics
- Brightfuture
- A・S
- hosiya
- K・M

アフィリエイトでバリバリ稼いでいる
先輩たちを直撃インタビュー！
社長になった人、
会社から帰宅後にコツコツ続けている人、
さまざまな成功例をご紹介します。
あなたも仲間入りできるかも！？

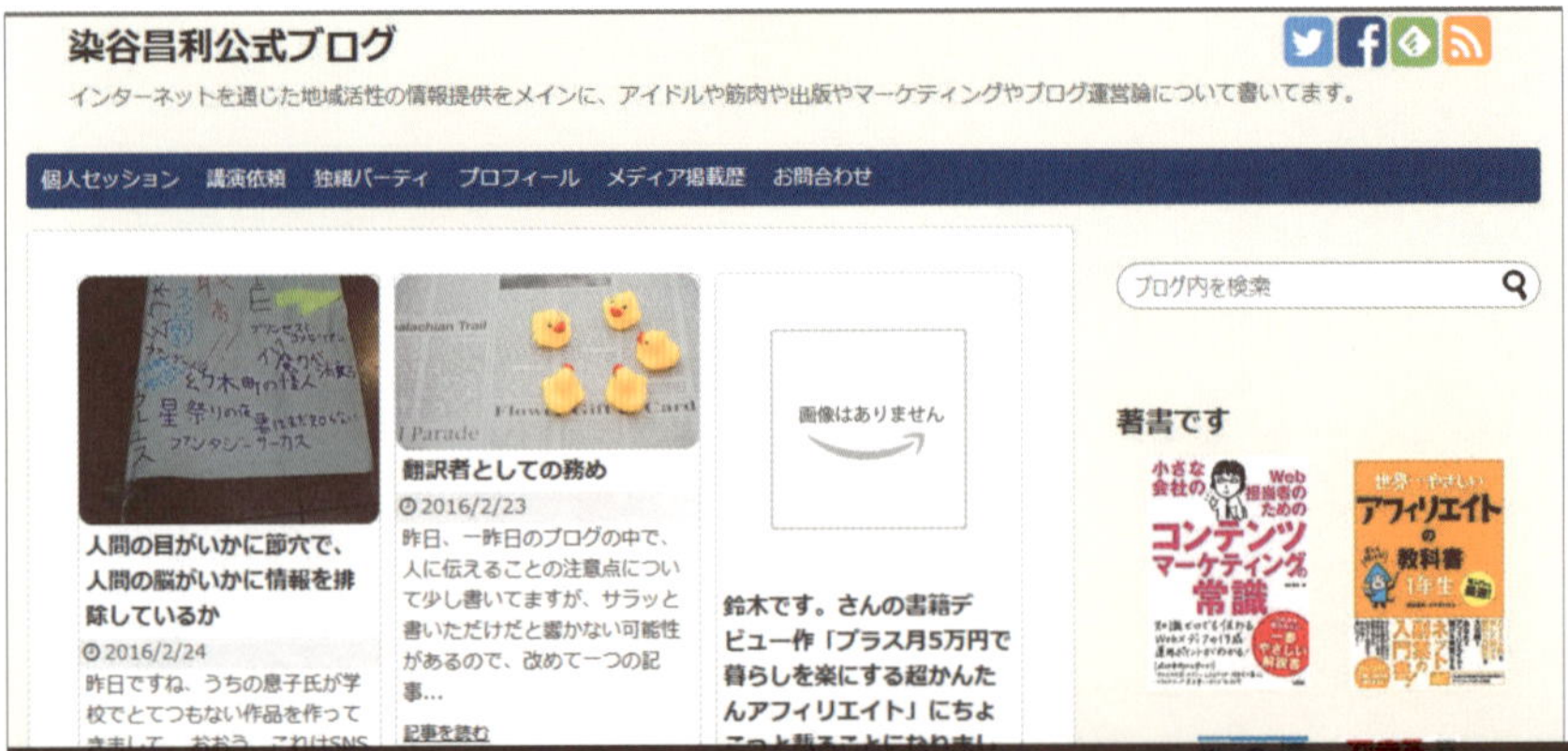

染谷昌利公式ブログ　URL：http://someyamasatoshi.jp/

アフィリエイターのバイブル『ブログ飯』の著者 染谷昌利さん

Profile

株式会社MASH 代表取締役。12年間の会社員生活を経て、インターネット集客やアフィリエイトの専門家として独立。現在はブログメディア運営のほか、さまざまな活動を行っている。日本アフィリエイト協議会理事も務める。『ブログ飯』（インプレス刊）など、著書多数。

Q　アフィリエイトを始めて何年ですか？

A　2004年からなので、13年目です。当初はAmazonアソシエイトと楽天アフィリエイトでの物販がメインでしたが、次第に就職サービスの紹介や、英会話教材の紹介など、単価の高いプログラムへ移行していきました。

Q　月5万円の収入を達成するまでかかった期間と、1カ月目の収入を教えてください

A　最初の月はもちろん0円です。僕の場合、基本的にGoogle AdSenseでの収益がメインでしたが、それで月5万円を突破したのが7年目、アフィリエイトだけだと8年目で、かなり遅いほうだと自覚しています。興味深い商材を見つけ、1年かけてその商材を紹介するブログを作成し、記事が30本を超えたぐらいから徐々に成果が発生しはじめ、記事とコンテンツが増えるに比例して、成約数も伸びていきました。

Q　続けることができた理由は何ですか？

A　ブログを始めた当初は、収益よりも訪問者の増加やコメント、メールなどでのコミュニケーションのほうが継続のモチベーションになっていました。最初から収益を追うのではなく、読者とのコミュニケーションやアクセスの増加など、それぞれの段階で楽しさや喜びを見いだせたから続けられたのだと思います。まず読者に知識や経験という価値を提供し、信用を生み、その対価として商品やサービスに申し込んでもらう。このような気持ちで運営することで、金額として目に見える結果が出ない時期でも、信用を積み上げているのだと自分に言い聞かせていました。

Q　アフィリエイトで気をつけていることを教えてください

A　いくつもありますが、特に「自分で購入している」という体験は重要視しています。読者が知りたいのは、お金を払う甲斐があるかどうかです。商品を購入するというハードルは低くありません。ただサンプルをもらって使ってみただけの記事と、悩んで比較して自腹を切って買ったレビューは、それだけで信頼のステージが違います。

Q　アフィリエイトをするうえでのマル秘テクニックを1つだけ教えてください

A　紹介するという意識で文章を書く（押しつけない）ことです。現実社会でも同じですが、人間は押しつけがましいセールスを嫌います。自分がやられて嫌に感じたことは、第三者からしても嫌なことです。読み手の気持ちを想像し、自分が読んでもその商品を欲しくなるような文章構成にしてください。

Q　これからアフィリエイトを始める方にアドバイスをお願いします

A　とにかく3カ月〜半年は続けてください。アフィリエイトはすぐ稼ぐことはできませんが、自分の好きなこと、得意分野を活かして、楽しく収益を上げることが可能なシステムです。目先の収益にとらわれず、読者と広告主の利益になるような記事を心がけましょう。結果として収益につながっていきます。

e-click　URL：https://www.e-click.jp

アフィリエイターから ASPの社長になった あびる やすみつさん

Profile

ゲーム会社での部品調達業務、印刷会社でのWebデザイナーを経て、2003年にアフィリエイト収入で法人化。顧客目線、ユーザビリティ追及でアフィリエイター、ネットショップ運営者として今も活躍中。2015年よりASPである「e-click（イークリック）」の社長に就任※。

Q **ASPから見て、アフィリエイターに気をつけて欲しいことは何ですか？（注：ASPはアフィリエイトサービスプロバイダの略。詳しくは第1章を参照）**

A ざっくり申し上げますと、次の内容はNGです。手を染めてしまうと、いきなりアカウント停止の処置を受けることがあるので注意しましょう。日本アフィリエイト協議会が作成したガイドラインで詳しく解説されていますので、ぜひそちらをご覧ください。これらの行為は成果が発生してもASPが承認しません。

- 不正クリック、不正申し込み
- 無許可の画像、文章のコピー
- 著しい誇大表現や虚偽表記、根拠のない情報の表示やランキングづけ
- 広告主が許可していないリスティング（PPC）広告の出稿

●メールやブログを使った無差別で無意味なスパム
●企業や消費者にとって不利益となる行為
●悪質な情報商材や塾

Q アフィリエイトで一番大切なことはなんですか？

A クロスワーク社が行った、成果を出しているアフィリエイターへのアンケートに、同じような内容があります(以下抜粋)。

アフィリエイトに必要な要素は何ですか？

・継続する事……88・0％
・文章力……67・1％
・アイデア……60・2％
・努力……60・2％

私の個人的な意見としては、「情熱」が一番重要だと考えていますが、やはり継続することに集約されるのでしょうね。頭で考えるより「まずやってみる」ということも大切だと思います。情熱と継続、この2つを筆頭にまずはいろいろやってみて、自分なりの正解を求めていくことが大切だと思います。

Q これからアフィリエイトを始める方にアドバイスをお願いします

A いまの時代、アフィリエイトに関するいろんな情報がネットで見つかります。しかし情報が増えすぎたため、逆に最初の一歩が非常に重要な時代になったと思います。日本アフィリエイト協議会のサイトや、手前味噌で恐縮ですが私の書籍(マンガもあります)をご覧になってから、取り組まれることをおすすめします。もちろんこの本も。

アフィリエイトはすぐに成果になるものではないので、試行錯誤しながら楽しんで取り組むことを心がければ、結果的に長続きして成功しやすいと思います。楽しめなければ続けることが苦痛に変わるのでまずは自分で楽しみながら継続してください。

●筆者から一言

「アフィリエイトをしよう！」と思って最初に読んだ書籍が、あびるやすみつさんの『本気で稼ぐための「アフィリエイト」の真実とノウハウ』(秀和システム刊)でした。あびるさんのASP「e-click」については第1章でも紹介していますが、面白い商品を扱っている広告主が集まっているので、サイトを見ているだけでも楽しいと思います。

※2016年3月をもって、e-clickを辞職

クレジットカードの読みもの　URL：http://cards.hateblo.jp/

激戦区・クレジットカードのアフィリエイトで高収入！

cardmicsさん

Profile

はてなブログで金融（クレジットカード）に関するアフィリエイトブログ「クレジットカードの読みもの」を運営。「金融系アフィリエイトは独自ドメインでなければ成功しない」という、それまでの常識を覆した。

Q　アフィリエイトを始めて何年ですか？

A　2007年に始めたので、ちょうど10年目です。

Q　月5万円の収入を達成するまでかかった期間と、1カ月目の収入を教えてください

A　最初の月の収益は36万円だったので、初月に達成したことになります。ただし、私の場合は無職でほかにやることがなかったため、1カ月まるごとアフィリエイトのみに費やしたことによる成果です。また、翌月の報酬は15万円程度に下がったので、初月は単に運がよかったということもありますね。

Q　アフィリエイトで気をつけていることを教えてください

A　1つ目は「悪いことをしない」と

いうこと。これは当然のことですが、人によっては「カンタンに稼げるかも」という誘惑によって、スパム行為(検索エンジンをだます行為)に手を染めてしまう人がいます。これは長い目で見ると稼げなくなってしまいます。

2つ目は、できる限り10年稼げるような記事を書くこと。「期間限定！○○キャンペーン」といった記事を書くと、瞬間的には報酬を稼ぎやすいのですが、そういった記事というのは稼げて1カ月程度。これでは、毎月のように新しいキャンペーンを探し続けなくてはいけません。反面、10年先も変わらないような知識やノウハウを書けば、長い目で見ると稼げるようになっていきます。目先の欲に溺れず、「継続は力なり」になるような記事をたくさん作っていくことで、安定した報酬を得られるように気をつけています。

Q アフィリエイトでのマル秘テクニックを1つだけ教えてください

A 副業かつはじめてアフィリエイトをやるのであれば、テーマをかなり絞ってブログを立ち上げるのがおすすめです。私が得意とするクレジットカードジャンルであれば、個別商品に限定した情報を発信するブログを作れば、5万円なら副業でも半年くらいで達成できることでしょう。

理由は単純、カンタンに専門性を高めることができるためです(検索エンジンで検索されやすくなる)。

ただ、テーマを絞るということは、そのぶんだけ記事ネタを探すのが難しくなるということ。半年間、継続してブログを書くなら、1カ月に記事30本×6カ月で、180もの記事を書かなくてはいけません。これができなければ、どんなに狙い目なテーマであっても稼ぐことは難しいでしょう。

記事を書き続けるコツは、「愛があるかどうか」でテーマを選ぶようにすることです。たとえば「掃除ロボットが大好きだ」「○○の化粧品なら1日眺めていられる」「ウイスキーは○○が一番！」など、自分自身がもっと知りたいかどうかがポイントです。私の場合はそれがたまたまクレジットカードだっただけに過ぎませんが、好きだったからこそ、こうして10年もの間、報酬を稼ぎ続けることができています。

みなさんもそんな、興味があって愛を注げるようなテーマを見つけられることを祈っています。ぜひ、趣味と実益を兼ねた、楽しいアフィリエイトライフをお送りください。

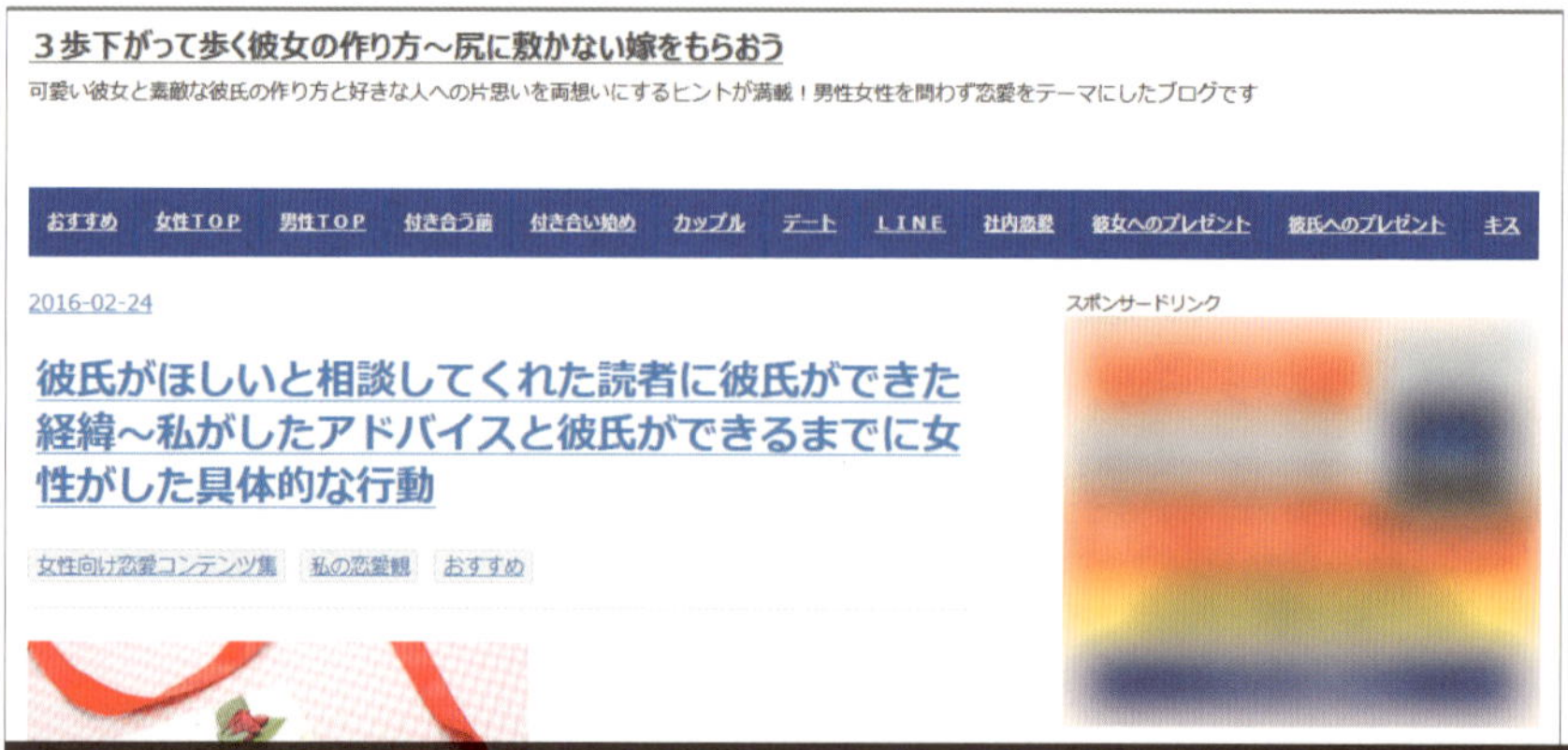

3歩下がって歩く彼女の作り方～尻に敷かない嫁をもらおう　URL:http://brightfuture.hatenablog.com/

恋愛のブログで1年以内に100万PVを達成！ Brightfutureさん

Profile

はてなブログで恋愛に関するブログ「３歩下がって歩く彼女の作り方」を運営。ブログを始めて11カ月で月間１００万ＰＶを達成した。男性のために始めたブログだが、現在は女性ユーザーが７割に達する。

Q　アフィリエイトを始めて何年ですか？

A　１年半くらいです。私はまだ初心者だと思っています。

Q　月５万円の収入を達成するまでかかった期間と、１カ月目の収入を教えてください

A　月５万円を達成したのは、ブログを始めて半年経ったころでした。最初の月の収入は５００円です。

Q　続けられた理由は何ですか？

A　自分の興味のあるジャンルに特化して、好きなことについて書いていったからだと思います。当初は、収入どころかアクセスさえなかなか獲得できないので、挫折してしまう人もいるかと思います。私は表現することが好きで、自分に強みがあるジャンルでコンテンツを作っていったので、サイト更新そのものが楽しく感じたからこそ、少ない収入の時期でも継続することができました。

Q　アフィリエイトで気をつけていることを教えてください

A　収入や書きやすさだけを考えて、自分の感覚ですすめられない商品や、利用したいと思えないサービスを紹介しないことです。アフィリエイトは高単価のものもありますが、そのぶんユーザーに不信感を与えやすくなってしまっているものも多いです。目先の収入だけを追ってサイト全体の信用を落とすと、高単価商品・サービスへのアクションだけでなく、自分が本気でいいと思ってすすめたいものへのユーザーアクションもなくなってしまうので、気をつけています。

Q　アフィリエイトでのマル秘テクニックを1つだけ教えてください

A　人の心を動かして商品を購入してもらう、サービスに登録してもらうには、コピーライティングの力が必要です。これは一朝一夕で獲得できるスキルではありません。しかし、誰にでも説得力を持って書けることが「経験」をもとにした記事です。自分がいままでに悩んだことに対し、経験をもとに答えを書いた記事はアフィリエイトに有効です。同じ悩みを持っている人は多いはずなので、自信を持って「答え」を書ける記事を書いてみてください。

Q　これからアフィリエイトを始める方にアドバイスをお願いします

A　どのような記事を書いたら収入につながるか、自分のサイトに来てくれる読者が何を求めているかを知るには、トライ&エラーを繰り返すしかありません。アフィリエイトの初心者がサイト運営によって稼げるようになるためには、失敗から学ぶ能力が問われます。だからといって、もちろん特別な才能は必要ありません。

読者のことを考え、試行錯誤の時間を楽しんでください。テクニックも大事ですが、長い目で見ながら効果的な方法を意識しつつ、楽しんで続けていけば、収入面でも結果はついてくるかなと思います。

継続できれば技術が向上し、収入もアクセスもグッと伸びてくる時期を迎えます。そこまでがんばれるかどうかが、成功と失敗を分けると思いますので、信念を持ってコツコツと続けることを大事にしてほしいです。

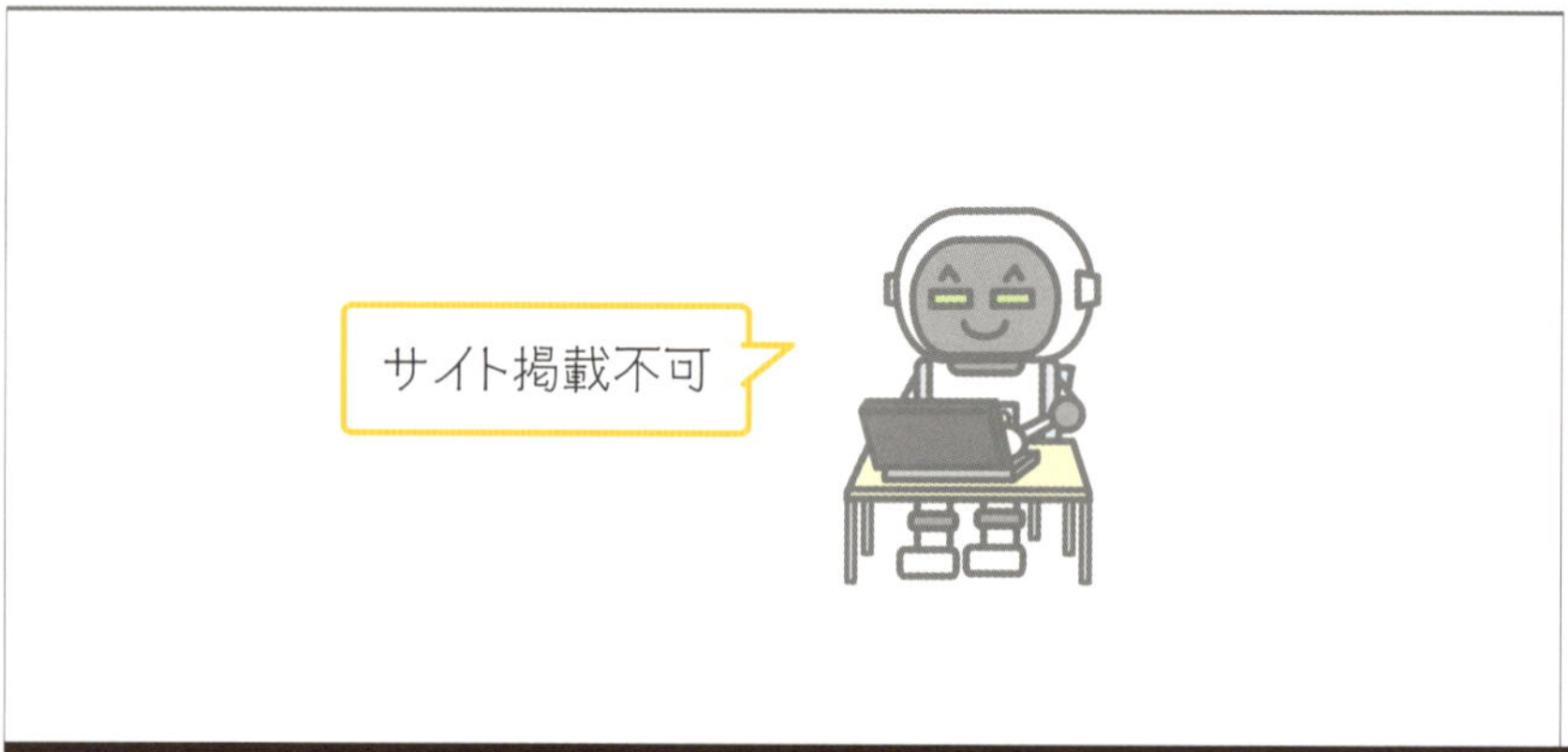

女性の悩みを自身の経験から説明するブログで月10万円の収益！

A・Sさん

Profile

多くの女性が悩むアンチエイジングやバストアップに関する記事を書いているブロガー。派遣社員のかたわら、帰宅後の2～3時間程度の作業で月10万円以上の安定報酬を得ている。

Q アフィリエイトを始めて何年ですか？

A 3年目になります。

Q 月5万円の収入を達成するまでかかった期間と、1カ月目の収入を教えてください

A 5万円稼げるようになるまでは約1年かかりました。始めた月の収入は当然ゼロです。

Q 続けられた理由は何ですか？

A 絶対にやめないと決めて取り組んできたためです。1日5分、10分でも、とにかく作業をする癖をつけて、アフィリエイトを習慣にすることを心がけてきました。

Q アフィリエイトで気をつけていることを教えてください

A 購入の本気度の高いユーザーを

集めるサイト構成にすることを意識しています。ユーザーはさまざまな目的で検索をします。一番購入していただけるユーザー層は当然ですが「すでにある商品を買うためにネットで検索をしている人」です。

逆に、悩みを解決するために情報を探している人は、情報を得ることが目的で、商品購入に結びつかない可能性があります。成約ができないことはないのですが、成約率は下がりますし、ライティングスキルも必要になります。例でいいますと、「シワを消す方法を紹介するサイト」と、「シワの改善に効果的なコスメを紹介するサイト」、この2つでは、後者のほうが成約率が高くなります。

Q　アフィリエイトでのマル秘テクニックを1つだけ教えてください

A　アフィリエイト業界ではマイナーなジャンルや商品でも、世間一般ではメジャーなジャンル、商品を探すことです。

Q　これからアフィリエイトを始める方にアドバイスをお願いします

A　アフィリエイトはとにかく「続けること」が大事です。挫折せず続けるためには、自分に合った方法・ジャンルを選ぶことが重要だと考えています。私は最初の2カ月ほど、サイトをたくさんつくる「量産系アフィリエイト」にチャレンジしました。何百サイト作っても成果が出ず、心が折れそうになりました。そこで、勉強しなおそうと塾に入りました。そこで教わったのは、膨大な量のドメインを購入して、膨大な量のサイトを作るというやり方でした。

OLをしていて、帰宅後の限られた作業時間しか取れない、派遣社員の給料ではドメインがたくさん購入できない、事務作業が苦手、などの理由もあって成果が出ず、苦しい状態が続きました。量をたくさん作る方法で成果を上げている方は多くいますが、私には不向きなやり方だったのです。しかし、平行して取り組んできたサプリメントのブログで報酬が徐々にあがるようになり、順調に利益を伸ばすことができました。仕事から帰宅し、20時からの2～3時間がアフィリエイトの作業時間ですが、自分の体験をコツコツ記事にしたところ、成約率の高いサイトを育てることができたのです。

まずは、自分のライフスタイルに合ったやり方、自分の得意なやり方、続けられるやり方を見つけて、一度これで行くと決めたら、ほかの方法に手を出さず、投げ出さずに続けていくことをおすすめします。

アンチエイジングの星　URL:http://www.hosiya.jp/wp/

アンチエイジングに関するブログで月10万円の収益

hosiyaさん

Profile　ブログ「アンチエイジングの星」を運営。女性ならではの悩みを解決する記事で、アフィリエイトでの収入は月10万円。A・Sさんとは友人。

Q アフィリエイトを始めて何年ですか？

A 4年くらい経ちますが、きちんと始めたのはここ1年ほどです。

Q 月5万円の収入を達成するまでかかった期間と、1カ月目の収入を教えてください

A 遅咲きの3年。始めてしばらくは0円でした。

Q 続けられた理由は何ですか？

A 興味のあることや体験を、知らない誰かに読んでもらえるからです。うまくいかなかったことや、悩んだことが人の役に立ち、お金になるのだから、この世に失敗なんてないと、ある意味前向きになれます。文を書くだけでなく、サイトをデザインすることもできるので、そういう楽しみもありました。「クリエイター」になれるというわけです。

Q アフィリエイトで気をつけていることを教えてください

A 好き勝手に記事を書くのではなく、できるだけイベントなどにも参加して、いろいろな情報を得るよう心がけています。また、ほかの人のアフィリエイトサイトも参考にしていて、コンテストに入賞するようなサイトは刺激になります。しかし、オンリーワンにこそ意味があるので、似ないように気をつけ、エッセンスだけ受け取っています。

Q アフィリエイトでのマル秘テクニックを1つだけ教えてください

A 私が得意なスキンケア商品の場合、商品撮影は接写が基本といわれています。カメラをうんと近づけて撮影し、周りの背景を工夫するようにしています。

もう一つ、私が今テーマにしているのは、時間のロスをなくすことです。「タイピングを早くする」「ショートカットキーを使う」の2つを実践しています。これだけでかなり時間を節約できます。

これは直接的なアフィリエイトのテクニックではありませんが、こういったことの積み重ねで作業がはかどり、収入が伸びていくのだと思います。課題は誰にでもあると思います。上級者には上級者なりの課題があるはずです。一人でやっていると見直しをしなくなりがちですが、未来の自分のために、常に今を改善していこうと思っています。

Q これからアフィリエイトを始める方にアドバイスをお願いします

A アフィリエイトを始める際は書籍などでコツを知っておくほうが、早く成果につながると思います。それと、たとえ文章がうまくなくても、とにかく書いているうちに上達します。文が苦手な私でも何とか書けるようになりましたから。

報酬が高いアフィリエイトを選ぶのもいいのですが、先輩方も当然狙う分野ですので、初心者の間はキャンペーンやトライアルなど、報酬はさほど高くなくても、成果になりやすいものをやってみるといいのではないでしょうか。

収入が入ってくるようになると、それがモチベーションとなってさらに上を目指せるようになります。こういう本を読んでいる時点で、3年成果がなかった私よりずっと素質があります。収入が少ないからとあきらめてしまわず、楽しみながら長く続けていっていただければと思います。

「脱毛」「PMS」のアフィリエイトで月10万円 K・Mさん

Profile　女性ならではの視点で「脱毛」と「PMS（月経前症候群）」についてのサイトを運営している。アフィリエイトでの収入は月10万円。

Q アフィリエイトを始めて何年ですか？

A 9カ月ぐらいです。アフィリエイトですごく利益を上げている人と知り合いになったのがきっかけで、色々教えてもらいながら始めました。

Q 月5万円の収入を達成するまでかかった期間と、1カ月目の収入を教えてください

A アフィリエイトを始めて2カ月は収入ゼロでした。少しずつページ数を増やしていって、それぞれのページのアクセス状況を見ながら記事を加筆したり修正したりしているうちに、3カ月目に脱毛サロンと女性向けのサプリメントで相次いで報酬が発生しはじめました。

Q 続けられた理由は何ですか？

A コストがかからないことですね。

私はほかにもいくつかの仕事をしていますが、アフィリエイトほどコストのかからない、要するに利益率の高いものはほかにないと思います。仮に売上が少なかったとしても、リスクも少ないので、続けるのが苦にならないのが一番の理由だと思います。ほかの事業だったら初期費用は絶対に必要ですし、ランニングコストもかかってしまう事業がほとんどですから。

Q　アフィリエイトで気をつけていることを教えてください

A　記事を書くときに、読み手側の目線に立つということでしょうか。これはなかなか難しい部分だと思います。どうしても自分の主観が入ったり、求められているものとずれた内容になったりしがちです。サイトにアクセスしてきた人に必要な情報が何かを意識するよう心がけています。

あと、アフィリエイトには根気が必要だと思います。サイトを作ってすぐに利益が出るわけはなく、最初のうちはひたすら記事を書いて、ページを増やしてという日々が続きます。根気よく待つことも大切です。

Q　アフィリエイトでのマル秘テクニックを1つだけ教えてください

A　やはり中古ドメインは威力を発揮すると思います。順位の上がり具合を新規ドメインと比較すると、中古ドメインのほうが圧倒的に強いですね。ただ、よいドメインを見つけるのが難しく手間なのと、購入するのに元手がかかってしまうという難点があります。

あとは更新頻度もSEOへの影響が大きいと思います。ページを増やす、記事を修正する、文字数を増やすことなどにより、数日以内に検索順位に結果が出ていたりします。

Q　これからアフィリエイトを始める方にアドバイスをお願いします

A　一番大切なのは商材選びだと思います。市場規模と、狙うキーワードの競合をリサーチしてみて、バランスを見ながらチョイスするといいと思います。

あとはやっぱり自分が好きなこと、詳しい分野、少なくとも興味の持てる分野で始めたほうがよいです。興味を持てない分野のサイトは、そもそも記事を書くモチベーションが湧きません。売れる商材、儲かる商材を選ぶにしても、やはり自分がなじみのある分野のほうが、見極めしやすいので、そういった意味でも有利だと思います。

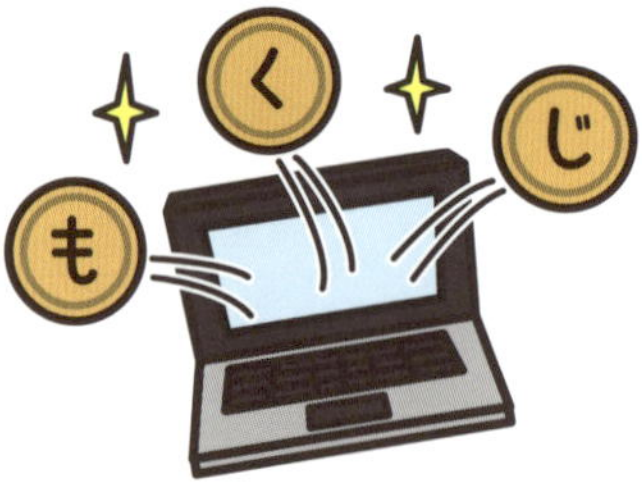
も
く
じ

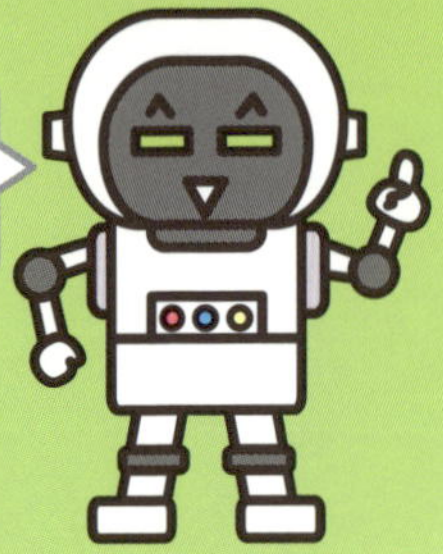
かんたんって本当かな？
とにかくやってみよう!

START!

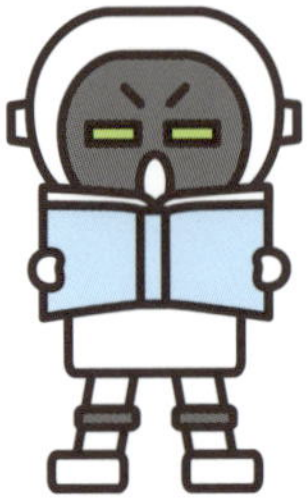

Chapter 3

読者を増やそう!

収入を増やすためにはテクニックも必要。読者はどんな記事を読みたいのか探ります。

P.77

Chapter 4

サイト運営で知っておくべき注意点とマナー

収入を増やすためにはテクニックも必要。読者はどんな記事を読みたいのか探ります。

P.113

Chapter 5

さらにアクセス数を上げるには

慣れてきたら、サイトに人を集める方法をどんどん試してみましょう!月5万円が見えてきた?

P.123

Chapter 6

もっと稼ぎたい人のために

月5万円じゃ物足りない! そんな人のために、継続して高収入を得るヒントを少しだけ解説。

P.147

Appendix

SEOのプロが教えるアクセスアップの秘訣

現役コンサルタントがアクセス改善の考え方を伝授!人気サイトの運営者を目指しましょう。

P.170

SUCCESS!
暮らしが楽になったぞ! 今月も贅沢しちゃった♪

「気になること」から探せるもくじ

ASPやブログサービスについて知りたい

ウケるコンテンツの作り方を知りたい

サイト作りのコツを知りたい

収入を増やすポイントを知りたい

サイトを分析したい

Introduction

アフィリエイトってなにするの？

- 元手不要！ アフィリエイトってなに？
- アフィリエイトはノーリスク!?
- アフィリエイトはかんたん！
- アフィリエイトは続けることが大切
- 月5万円稼ぐためには
- アフィリエイトには魅力がいっぱい！

元手不要！アフィリエイトってなに？

まずは基本的なしくみを知ろう！

パソコンの知識が少しあれば始められる

　本書を手に取ってくれているということは、すでにアフィリエイトに興味があるけれど、詳しくは知らないという方だと思います。「私には難しくないのかな？」と考えている方もいることでしょう。本書は、どのくらいのパソコンの知識が必要なのか、何から始めればよいのかわからないという方にこそ、読んでもらいたい本です。約半年から1年くらいかけて、月に5万円ほどアフィリエイトで稼げるようになることを目標にしています。

　アフィリエイトは、自分のWebサイト（ホームページ）やブログに広告を掲載することで、広告主から手数料をもらうというものです。最近ではWebサイトやブログに限らず、LINEやTwitterまたはメールでもできます。しかしSNSやメールはやや上級者向けなので、はじめての人はサイトやブログを使うのが一番簡単であり、かつ確実な方法です。

　サイトやブログ作成が難しいと思う人もいるかもしれませんが、楽天やAmazonで買い物をしたことがあるような人なら、誰でも簡単に作ることができます。必要なパソコンのスキルは、「文字を入力できること」と「コピー&ペースト（コピペ）」くらいで十分です。もちろん、やりながらもっと覚えないといけないことはたくさんありますが、最初に必要な知識はそれほどありません。

アフィリエイトのしくみ

　少し詳しくアフィリエイトのしくみを説明します。アフィリエイトは自分のサイト（ブログもサイトに含めます）に広告を設置することから始めますが、契約をしていなければ報酬はもらえません。そこで、アフィリエイトサービスプロバイダ（以下ASP）という、アフィリエイト用の広告代理店と契約します。

　まず自分でホームページを作り、ASPに申し込みをします。申し込みが承認されると、広告を設置できるようになります（広告主の承認も必要です）。サイトを見た人が広告をクリックして、広告主の商品を購入したり、サービスに申し込んだりすると、広告手数料を受け取れます。報酬は登録した銀行口座に振り込まれます（図1）。

　アフィリエイトは「成果報酬型広告」といわれますが、このように成果が発生してはじめて、報酬を受け取れるしくみになっています。

お金がかからないのはうれしいな！

図1

自分でWebサイト（ブログ）を作る

↓

アフィリエイトの広告代理店（ASP）へ申し込む

↓

自分でサイトに広告を設置する

↓

サイトを見てくれる人が広告をクリックして
商品の購入や、サービス申し込みをする

↓

広告手数料がASP経由で振り込まれる

アフィリエイトはノーリスク!?

コストは基本的に時間だけ！

0円から始められる

アフィリエイトのいいところは、0円で始められるところです。まず、ほとんどのブログサービスは無料で利用できます。また、ASPに登録するのもタダです。むしろ、登録にお金がかかるというASPには、絶対に登録をしてはダメです。筆者が使っているASPは10社ほどありますが（普通はここまで使いません）、その中で登録にお金がかかるところは1社もありません。「アフィリエイトを始めるのにお金がかかる」と言う人もいますが、それはウソです。もちろん、お金をかけたほうが見栄えのするサイトを作れるでしょうが、それはアフィリエイトで稼げるようになってからでも遅くありません。

さらに、アフィリエイトはリスクが少ない投資ともいえます。では、投資するものは何でしょうか？ それは、あなた自身の経験と知恵、それに労力（時間）です。投資なので、成功すれば大きく稼げますし、失敗すれば損をします。その損がリスクになりますが、時間がムダになるくらいで、お金を失うことはありません。実際にはノーリスクに近いといえます（図2）。

ちなみに、稼げるようになったら、より稼ぐために投資をすることはあります。たとえば、きれいな写真を撮れるように高機能のデジタルカメラを購入するようなことです。

Column　詐欺に注意！

「お金がかかる代わりに、簡単に月に何万円も稼げる」と言って近づいてくる人がいるかもしれません。それはほぼ100％だまそうとしている人なので、絶対に信じないでください。そういう言葉にだまされて、何十万円も払ってしまう人も増えています。甘い言葉には注意して、お金をかけるのは儲かってから考えるようにしましょう。

図 2

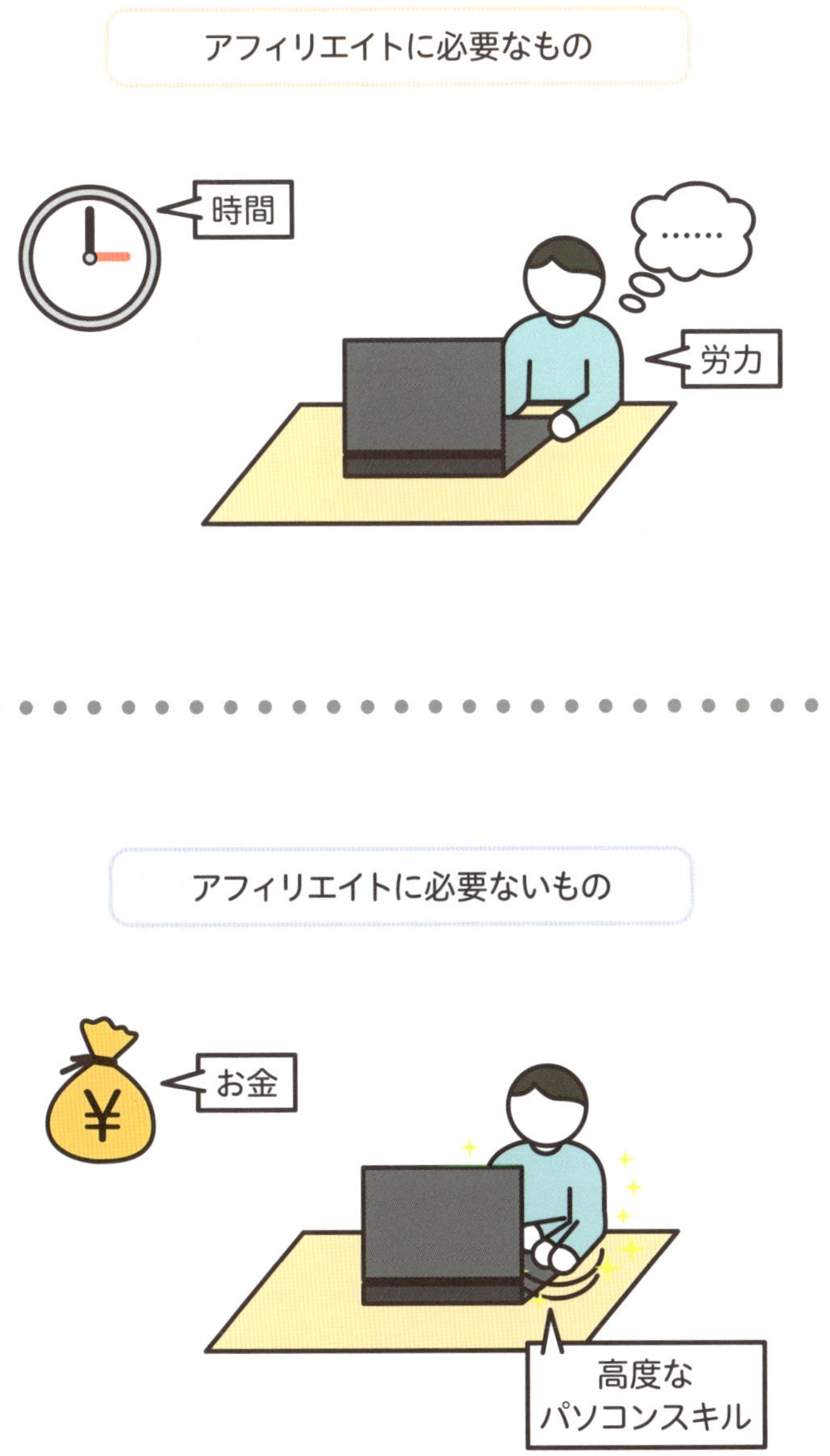

アフィリエイトはかんたん!

サイト作成も広告の設置も、
手軽にできちゃう!

サイトやブログは手軽に作れる

サイトやブログは、意外と簡単に作れます。パソコンを買い物や検索くらいにしか使ったことがない人でも、文字入力とコピペだけで、まずは始めることができます。

筆者が最初にアフィリエイトを始めたのは、「はてなブログ」というブログサービスでした。初心者でも比較的簡単に利用できると思います。アフィリエイトを始める前に、どこかのサービスでブログを書いてみると、ブログは簡単であることを実感できると思います。

ブログを始めた人が最初に悩むのは、「何を書いていくか」ということですが、それはいろいろなブログを見ることで、徐々に何を書いたらよいかわかるようになっていきます。難しく考えずに、自分が普段使っているものの紹介や、自分で作った手料理のレシピから書いてみましょう。

ブログサービスはたくさんあります。有名なものでは「アメーバブログ(アメブロ)」や「ライブドアブログ」、「Seesaaブログ」などがあります。しかし中には、アフィリエイトを禁止しているところがあるので、事前に確認しておきましょう。ブログサービスの種類は、後で詳しく紹介します。

広告の設置はコピペで

ブログは書けそうだけれど、広告を設置するには知識が必要なのでは……と思うかもしれません。でも安心してください。基本的にはコピペだけで、広告を設置できます。最初は文章が書けて、コピペができれば、それだけでアフィリエイト用のブログは作成できます。とりあえずブログを作って、記事を書いてみましょう。

筆者がよく利用するASPの「バリューコマース」から、はてなブログに広告を設置する手順を図3で簡単に説明します。

図 3

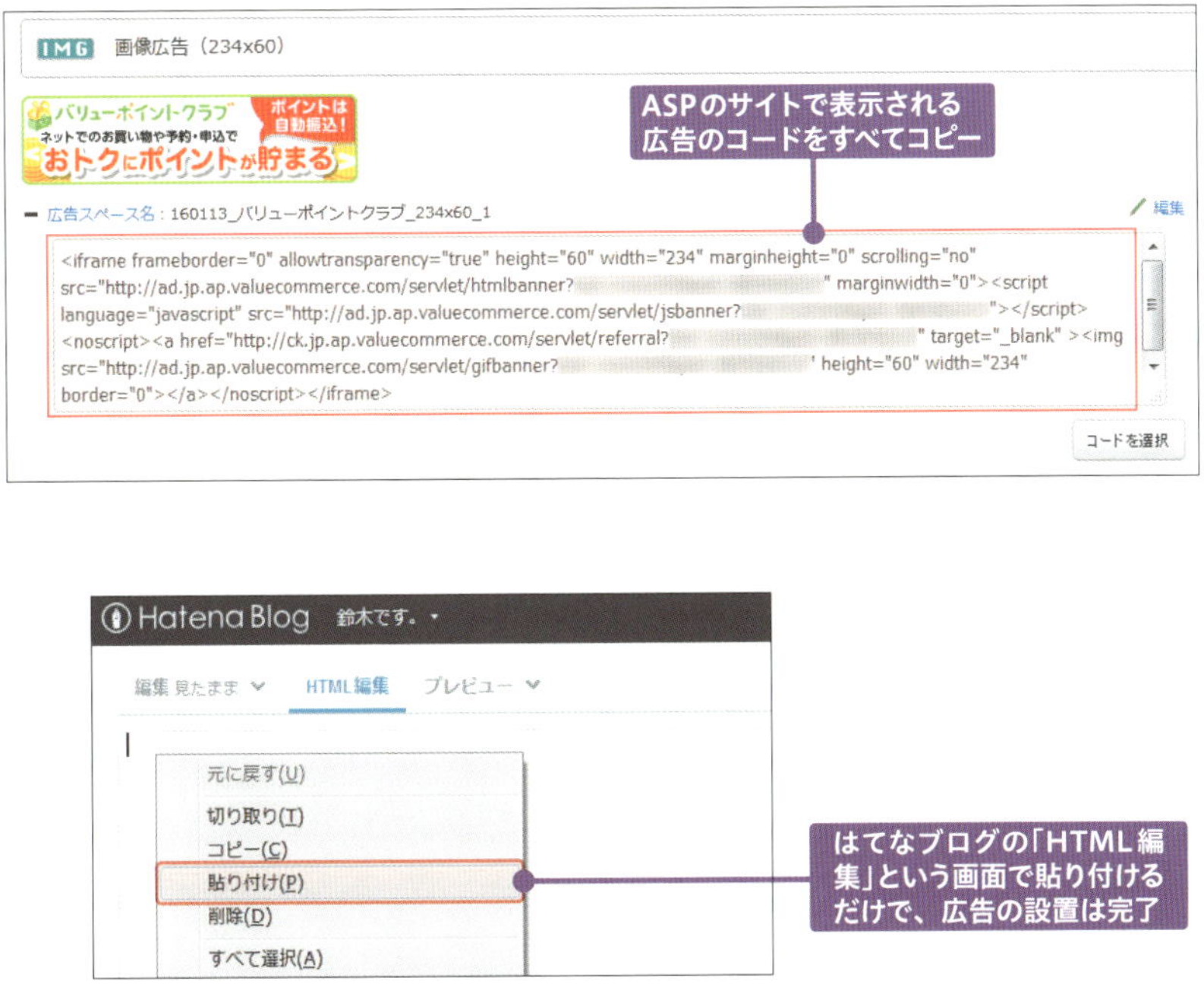
IMG 画像広告（234x60）
バリューポイントクラブ
ネットでのお買い物や予約・申込で
おトクにポイントが貯まる
ポイントは自動振込！
ASPのサイトで表示される広告のコードをすべてコピー
広告スペース名：160113_バリューポイントクラブ_234x60_1
編集
<iframe frameborder="0" allowtransparency="true" height="60" width="234" marginheight="0" scrolling="no"
src="http://ad.jp.ap.valuecommerce.com/servlet/htmlbanner?" marginwidth="0"><script
language="javascript" src="http://ad.jp.ap.valuecommerce.com/servlet/jsbanner?"></script>
<noscript><a href="http://ck.jp.ap.valuecommerce.com/servlet/referral?" target="_blank" ><img
src="http://ad.jp.ap.valuecommerce.com/servlet/gifbanner?" height="60" width="234"
border="0"></a></noscript></iframe>
コードを選択
Hatena Blog 鈴木です。
編集 見たまま
HTML編集
プレビュー
元に戻す(U)
切り取り(T)
コピー(C)
貼り付け(P)
削除(D)
すべて選択(A)
はてなブログの「HTML編集」という画面で貼り付けるだけで、広告の設置は完了

文字の入力とコピペだけでできるから、ラクラク！

アフィリエイトは続けることが大切

アフィリエイトは、まさに「継続は力なり」だよ。

最初は好きなことを書いてみよう

どんなサイトでも、いちばん最初に何を書いたらよいのかは、誰でも迷います。何を書いてよいのか困ったら、自分の好きなことを書いてみてください。

筆者はもともと温泉が大好きで、全国600カ所ほどの温泉に入っています。温泉好きが高じて、温泉ソムリエの資格まで取得しました。そんな私が初めて作ったアフィリエイト用のブログは、温泉をテーマにしたものです。

これまで行った温泉や旅館を紹介していくブログで、今でも続けています。よければ参考にしてみてください。

いい湯だね
URL http://iiyudane.com/

なぜ温泉を最初のテーマにしたかといえば、もちろん「好きだから」です。好きなことであれば、書きたいことはたくさん出てきますし、魅力を伝えやすいものです。最初は自分の趣味から始めるのがおすすめです。

ちなみに、アフィリエイトで報酬の高いジャンルといえば、金融関係、美容・健康関係、婚活・結婚関係のテーマです。儲かるからといって、これらのことに興味や経験がないのに書き続けていく自信はありますか？　そういう筆者もこれらのジャンルに挑戦したことがありましたが、やはり続けられませんでした。書いていても面白くないだけでなく、いい加減なことを書けない話が多いので、いろいろと調べることになり、時間ばかりがかかって成果はほとんど出ませんでした。

「継続は力なり」の姿勢で

はっきり言って、アフィリエイトはすぐに結果の出るものではありません。なかなか結果が出ないので、続けられない人が多いのです。

図4は、アフィリエイトマーケテ

ィング協会が2015年2月に、3000人のアフィリエイト経験者にアンケートを行った結果です。

始める人は多いけれど、続けられる人が少ないのがわかります。では、なぜ続かないのかというと、よくいわれる理由は次の3つです。

・思ったよりも手間がかかるうえに稼げないから
・面白くないから（稼げないからつまらない）
・忙しくて時間を割けない

通常、アフィリエイトで結果が出てくるのは、早くても3カ月後くらいです。筆者の場合は、半年くらいかかりました。

手間と時間がかかるうえに面白くもない、結果も出ないからやめる、という人が非常に多いですが、裏を返せば、あまり儲けようとしすぎなければ、挫折しなくて済むということです。はじめは自分の好きなことを書いていき、その中から報酬が上がってきたジャンルに特化したサイトを作るのがよいでしょう。それに、いろいろなテーマやジャンルのブログを書いて月に5万円や10万円を稼ぐ人もいます。最初はお金にこだわらず、気楽に始めましょう。最初のうちは、楽しむことができなければ続けられません。だからこそ好きなことを書いて、記事を書くということを楽しむ必要があります。

また、1人ではつらくても、アフィリエイト仲間や、サイトやブログを運営している仲間を見つけて、励まし合っていくことも大切なことです。

図4　アフィリエイトを始めて何年ですか？

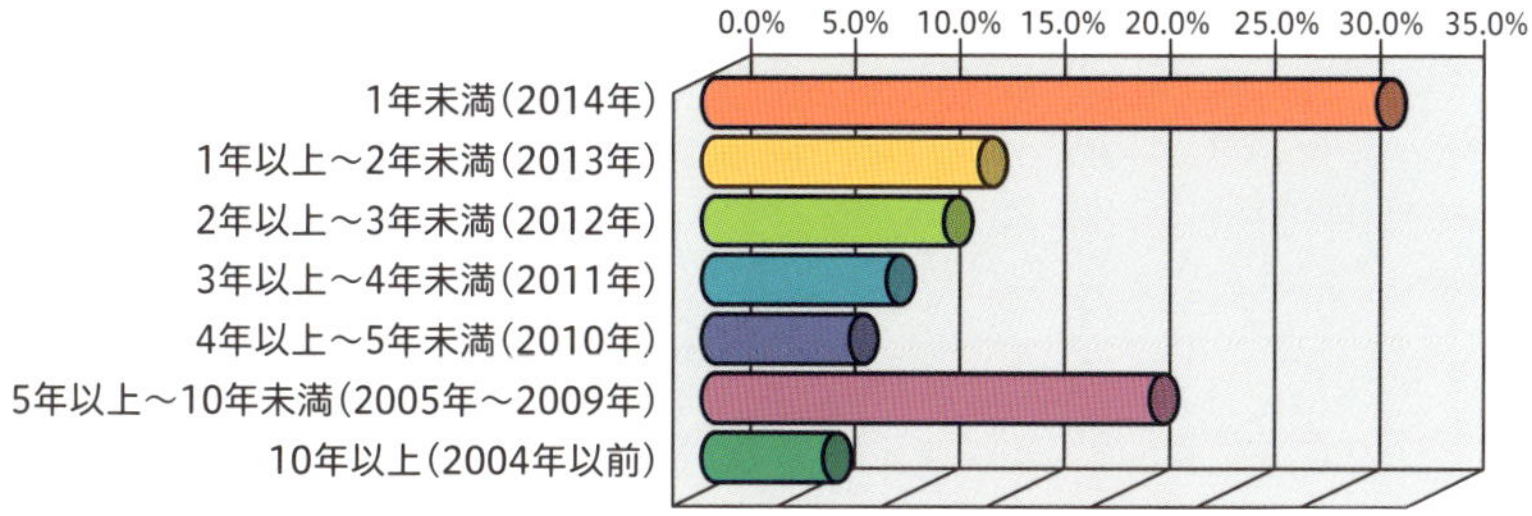
0.0%
5.0%
10.0%
15.0%
20.0%
25.0%
30.0%
35.0%
1年未満（2014年）
1年以上～2年未満（2013年）
2年以上～3年未満（2012年）
3年以上～4年未満（2011年）
4年以上～5年未満（2010年）
5年以上～10年未満（2005年～2009年）
10年以上（2004年以前）

昨年度の1年未満は27%であり、昨年度より約5%増加しました

出典：http://affiliate-marketing.jp/release/20150331.pdf

月5万円稼ぐためには

最初だけは、ガマンが肝心!

パソコンスキルや専門知識の代わりに忍耐力が必要

ここまでアフィリエイトというものがどんなものか、どんなことを書けばよいのか、おおざっぱに説明してきました。アフィリエイトを始めること自体は、決して難しくないということを理解してもらえたと思います。

「でも、この本のタイトルみたいに月5万円も稼げるのかな？」と思う人もいるでしょう。また、続けられるか不安な人もいると思います。最初に少しだけ厳しいことを書くと、続けられるかどうかはあなた次第です。アフィリエイトに難しいパソコンスキルや専門知識は不要ですが、忍耐力だけは必要です。

月5万円稼ぐということ

よく考えると、月5万円を稼ぐには、時給800円のアルバイトで、月に60時間以上働かないといけません。はっきり言えば、アフィリエイトを始めたばかりのころは、時給800円のアルバイトをしたほうがよほど儲かります。私がアフィリエイトを始めたとき、最初の1カ月で費やした時間は100時間以上でしたが、収益は2000円くらいでした。つまり時給20円以下。結果が出始めたのは3カ月を経過したあたりで、月に1万円くらいでした。さらに3カ月後、始めてから半年で、ようやく月5万円を達成することができました。

中には、1カ月で10万円を達成する人もいますし、半年で100万円稼ぐ人もいます。しかし、ほとんどの人は半年で月収5万円になればいいほうだと思います。つまり半年間はとりあえず続ける必要があります。毎月100時間とは言いませんが、毎日1時間、あるいは月間で30時間は書くことを心がけてください。それを半年続けることで、成果はきっと現れます。

苦労したからこそ喜びも大きい

ちょっと自信を失ってしまったかもしれません。でも、お金を稼ぐのは簡単ではないことはわかりますよね。

それに、苦労したからこそ月に2万円、3万円と稼げるようになっていくと、本当に嬉しいはずです。しかも、好きなことを書いてお金がもらえるのですから。また、たくさんの人に自分の書いたものを読んでもらえるというのは、非常に嬉しいものです。アフィリエイトは、よほど間違った方向に進まなければ、苦労が報われることがほとんどです（図5）。巻頭インタビューに答えてくれたみなさんも、続けることが大切と言っていましたね。

図5

がんばるぞ！
ネタがなくなってきた…
稼げるようになってきたぞ！

Column アフィリエイトに向かない人

続ければ報われると述べましたが、そうはいってもアフィリエイトに向かない人もいます。まず、始める前から半年間続ける覚悟ができないのであれば、やらないほうがいいでしょう。また、文章を書くのが嫌いな人にも向いていません。でも、「文才がない、文章を書いても下手だから苦手」という場合は、気にしないで大丈夫です。文章なんて、書いているうちに慣れるものです。もちろん文才があるに越したことはありませんが、必要不可欠なものでは決してありません。こうやって本を書いている私ですが、アフィリエイトを始めたころのブログの文章を読み直すと、それはもうひどいものです。しかし、半年や１年続けていくことで、文章力は着実にアップしていきます。なにごとも、続けること、省みることで、上達していくものです。

アフィリエイトには魅力がいっぱい！

収入が増える以外にも、いいことがたくさん！

どこでもできる

これまで紹介した以外にも、アフィリエイトにはいろいろな魅力があります。一つは、パソコンと通信環境があればどこでもできるということです。通常、収入を得るためには、会社やお店など、どこかへ働きに行かないといけません。ところが、アフィリエイトは自宅でできるので、特に自宅を離れられない人には最適です。副業で考えているなら、通勤電車の中でスマートフォンから書きこむことも可能です。自宅ではなく、カフェや旅先で記事を書いている人もいます。今はカフェでもWi-Fiが使えるところが増えているので、パソコンだけ持っていけばネットにつながります。

正しくやれば収入がどんどん増える

別の魅力は、正しい方向性で続ければ続けるほど、収益が増していくことです。先に書いたとおり、私がアフィリエイトを始めた月は2000円ほど、時給でいえば20円しかなかったわけです。しかし今は、時給換算すればその100倍以上になっています。積み重ねていくことで、アフィリエイトはどんどん稼げるようになります。ただし重要なのは、「正しい方向性」という部分です。間違った方向に進んでは、収益は伸びません。この「正しい方向性」については、本書を読み進めてもらえればわかるように書いています。

ストレスと無縁！

最後にもう一つ。書くことにストレスを感じない人なら、本当にまったくストレスなく収入を得られます。アフィリエイトは基本的に一人で行うものなので、対人ストレスがありません。これは本当に素晴らしいことです。

続けることさえできれば、アフィリエイトは本当に魅力的なものであると、自信をもっておすすめします。

Chapter 1
アフィリエイトをはじめよう

- はじめる前に知っておきたい3つの常識
- 目的や趣味から探す主なアフィリエイトサービス
- 体験談は何よりも効果的！
- テーマを絞ろう
- ブログでアフィリエイトをすると叩かれる？
- 誰に向けて書く？
- くじけないためのGoogle AdSense

はじめる前に知っておきたい3つの常識

最低限知っておくべき、3つの決まりを覚えよう!

①再訪問期間

アフィリエイトでは、広告をクリックしてから購入までに時間が空いてしまうと、報酬を受けられないことがあります。これは、クリックから購入までの時間制限が定められているからです。

これが「再訪問期間」で、短いものであれば24時間以内、長いものだと90日以上というものもあり、まちまちです。ASP、広告主、商品やサービスによって異なります。

再訪問期間が長いほうがよい場合と、短いほうがよい場合がありますが、最初のうちはあまり気にしなくても大丈夫です。再訪問期間というものがあるということだけ覚えておきましょう。

なお、ASPによっては「クッキー有効期限」と書かれている場合もありますが、同じ意味です。

②後からクリックされたものが優先される

多くの人は、何かを購入したり申し込むとき、いろいろなサイトを見て比較すると思います。いくつもサイトを見て、複数のアフィリエイトのリンクをクリックした人がいた場合、最後にクリックしたサイトにしか報酬は発生しません（図1）。

不公平な気もしますが、これも始めたばかりのころは気にしないようにしてください。あまり気にしすぎると、過剰なことを書いてしまったり、モチベーションの低下にもつながります。

③成果発生と成果確定のタイミング

イントロダクションのコラムに書いたとおり、アフィリエイトの成果が発生するタイミングと、確定するタイミングは異なります。

たとえば商品購入なら、購入者が商品を受け取ったことがわかった時点で確定されるところもあれば、申し込んだ時点で確定してくれるところもあります。契約先によってバラバラですが、主な「成果発生ポイント」と「確定ポイント」を図2に簡単にまとめてみたので、参考にしてください。

中にはアフィリエイトリンクがクリックされただけで報酬が確定する場合もありますが、金額は多くて10円、一般的には1円くらいです。

また、このタイミングは商品やサービスでかなり異なるので、どの時点で確定してもらえるのか、きちんと把握しておきましょう。

基本的に、物販は確定されるのが早く、サービス申し込みは時間がかかる場合が多いです。なお、確定を決定するのは広告主ですが、確定処理を忘れられていることがあるので、あまりに遅い場合はASPに問い合わせてみましょう。

図1

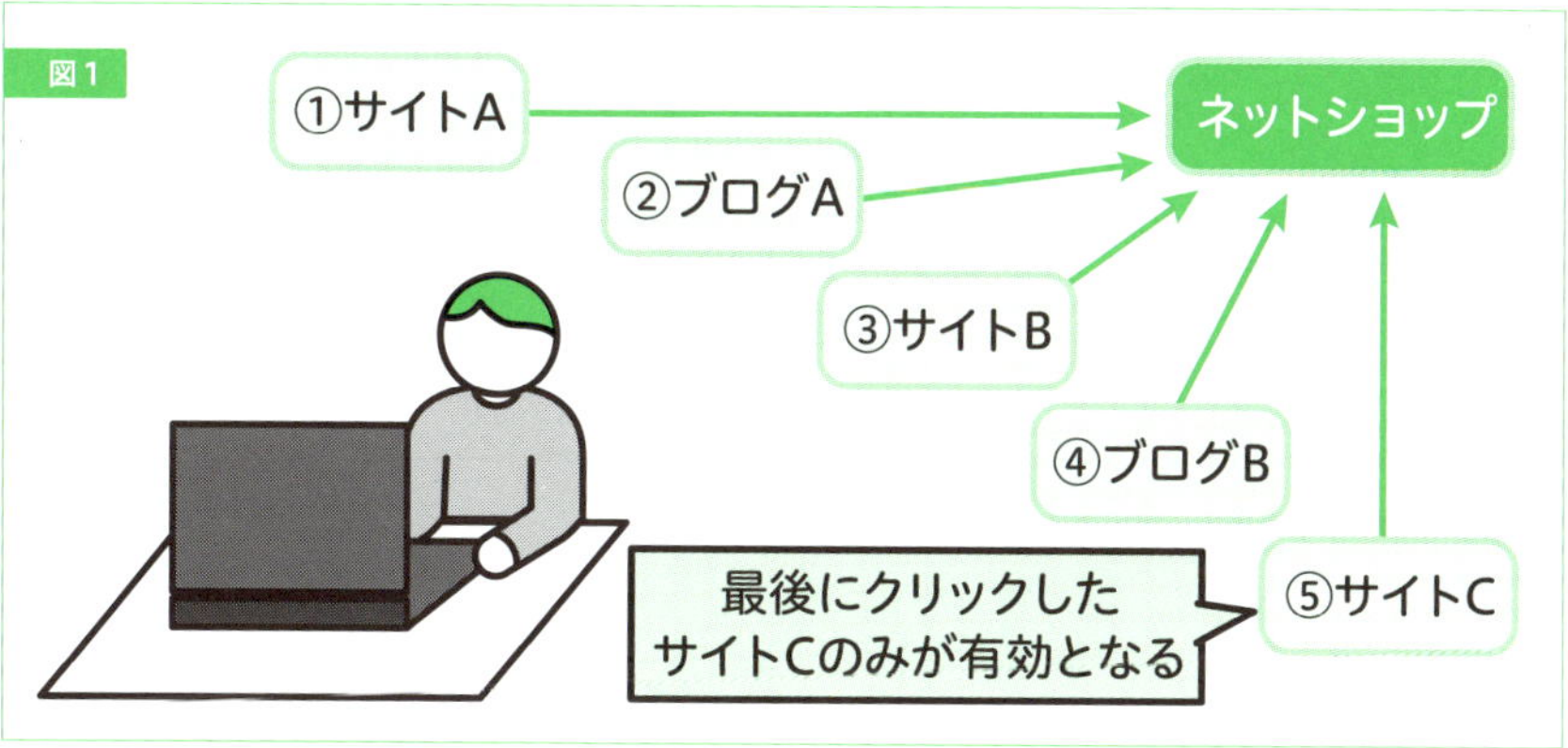
①サイトA
②ブログA
③サイトB
④ブログB
⑤サイトC
ネットショップ
最後にクリックした
サイトCのみが有効となる

図2

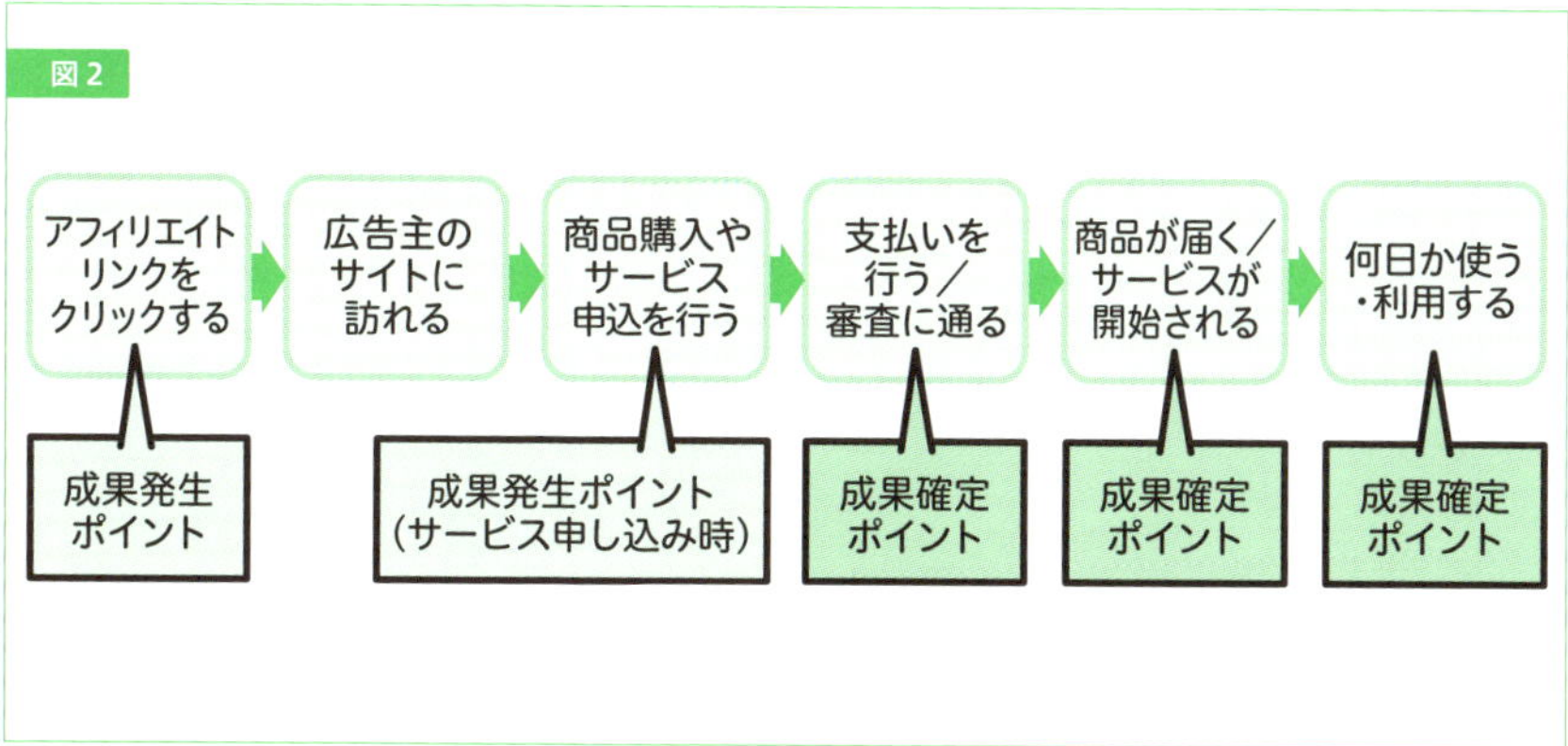
アフィリエイトリンクをクリックする
広告主のサイトに訪れる
商品購入やサービス申込を行う
支払いを行う／審査に通る
商品が届く／サービスが開始される
何日か使う・利用する
成果発生ポイント
成果発生ポイント（サービス申し込み時）
成果確定ポイント
成果確定ポイント
成果確定ポイント

目的や趣味から探す主なアフィリエイトサービス

有名なASPを紹介するよ! 自分に合ったものを見つけよう!

アフィリエイトサービスプロバイダに申し込む

アフィリエイトを始めるには、ASP(アフィリエイトサービスプロバイダ)に申し込まないといけません。同時に複数申し込みしてもよいですが、数が増えると管理が大変になります。また、ASPごとに広告の特徴や、成果確定、振込のタイミング、最低振込金額が異なります。まずは何社かに絞って申し込むのがよいのですが、初心者のうちはどこがよいかわからないと思います。そこで、実際に筆者が使っているASPを紹介していきます。

定番中の定番「Amazonアソシエイト」

初心者におすすめなのが「Amazonアソシエイト」です。名前のとおり、Amazon専門のASPであり、Amazonが運営をしています。アフィリエイトを始めたばかりのころは、自分が使っているモノを紹介するのが手堅いですが、Amazonは大体のモノを扱っているので、非常に紹介しやすいというメリットがあります。ほかにも、AmazonアソシエイトのリンクからAmazonにあるどの商品を購入しても成果が発生するということ、成果の確定率は90%以上であることなど、初心者にありがたいサービスになっています。

豊富な取り扱い品目「楽天アフィリエイト」

楽天もアフィリエイトサービスを行っていて、Amazonと並んで申し込むべきASPです。最低振込金額は原則10万円からになっていますが、楽天ポイントとしてならいくらからでも使えるので、筆者は楽天アフィリエイトで得たぶんは楽天での買い物に使っています。Amazon同様、アフィリエイトリンクから楽天にアクセスした人が、結果的に何を購入しても成果が発生します(一部例外あり)。

Amazonアソシエイト
https://affiliate.amazon.co.jp/

ポイント

- ➡最低振込額5000円以上（Amazonギフト券の場合は500円以上）
- ➡振込手数料300円（報酬額から差し引かれる。Amazonギフト券の場合は無料）
- ➡支払い期間は月末締めの翌々月末（約60日後）
- ➡再訪問期間は24時間

楽天アフィリエイト
http://affiliate.rakuten.co.jp/

ポイント

- ➡最低振込額10万円以上（ただしポイントとしては1ポイント1円から利用可）
- ➡楽天銀行の口座があれば3000円以上はポイントを換金できる
- ➡現金化するよりもポイントとしてうまく使うほうがお得

A8.net
http://www.a8.net/

ポイント

- ➡最低振込額1000円以上
- ➡振込手数料30円～756円（銀行により異なる）
- ➡支払い期間は月末締めの翌々月15日（休日の場合は翌営業日）

バリューコマース
https://www.valuecommerce.ne.jp/

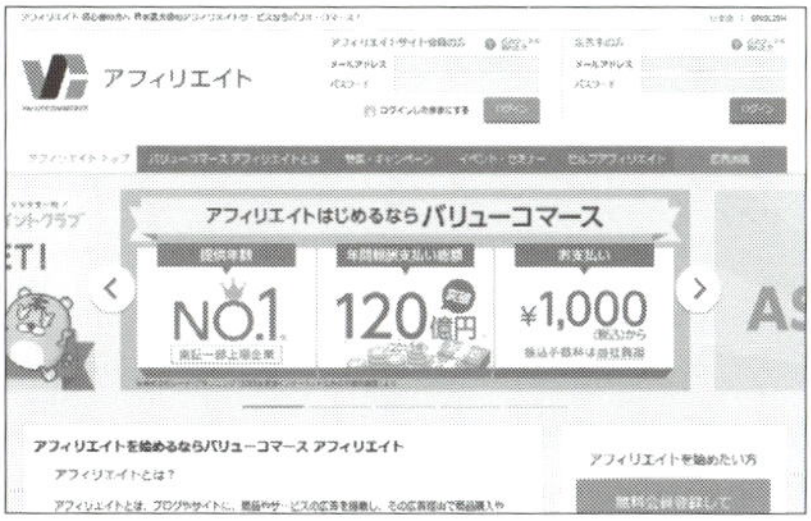

ポイント

- ➡最低振込額1000円以上
- ➡振込手数料無料
- ➡支払い期間は月末締めの翌々月15日（休日の場合は翌営業日）

日本最大のASP「A8.net」

Amazonや楽天の場合は、それぞれのサイト専用のアフィリエイトですが、いろいろなサイトの広告主を集めた日本最大のASPと言えば「A8.net」です。本当にさまざまな広告主がいるので、「最初に登録するならここしかない!」と言う人もいます。私自身も最初に登録したASPでした。

また、サイト審査があまり厳しくないのも特徴です。広告主が多いので、オールマイティなASPです。

旅行系なら「バリューコマース」

A8.netに並ぶ大手のASPが「バリューコマース」です。筆者の感覚ですが、旅行系の広告主が最も多いと思います。旅行以外にも、ガジェット系や金融系の広告も豊富にあり、A8.netに引けをとらないほど案件が充実しています。また、振込手数料が0円というのも嬉しい点です。ヤフーグループのASPであるのも、安心できます。

ASPはまだまだあるので、次ページの表も参考にしてください。

最初は1つのASPになるべく集中しよう

いろいろなASPを紹介しましたが、最初は1つのASPに注力することをおすすめします。理由は簡単で、自分に担当者をつけてもらうためです。

ASPにとって、稼いでくれるアフィリエイターは逃したくない存在です(それだけ手数料が入るからです)。そのため、それなりに成果が出るようになると、ASPは担当をつけてくれます。担当者は情報をくれたり、普通の人よりも報酬を多く設定してくれたりします。これは特別単価といい、1件3000円だったものが6000円になった例もあります。倍になることは少ないですが、1~3割アップはよくある話です。ほかにも、「クローズ案件」と呼ばれる、一般には公開されていない広告主を紹介してくれることもあります。

アフィリエイトでは、最初から大きく稼げる人なんてほとんどいません。ASPを分散させてしまうと、担当がつくまでにはかなり時間がかかります。自分に合ったところ1つに集中して、なるべく早く担当をつけてもらいましょう。

xmax（クロスマックス）

https://www.xmax.jp/

ポイント

- ➡健康食品に強い（薬事法に注意、第4章を参照）
- ➡健康食品は報酬単価が高い
- ➡最低振込額1000円
- ➡振込手数料無料
- ➡支払い期間は月末締めの翌々月20日（休日の場合は翌営業日）

e-click（イークリック）

https://www.e-click.jp/

ポイント

- ➡面白い商品を扱っている広告主が多い
- ➡広告主にとっての手数料が1番安いので、長期間の広告掲載が見込める
- ➡最低振込額5000円以上
- ➡振込手数料0円〜（指定銀行であれば無料）
- ➡支払い期間は月末締めの翌々月20日から30日

★e-click社長・あびるやすみつ氏のインタビューを巻頭に掲載しています

アフィリエイトB

https://www.affiliate-b.com/

ポイント

- ➡健康や美容系の広告主が多い
- ➡最低振込額777円以上
- ➡振込手数料無料
- ➡支払い期間は月末締めの翌月末

アクセストレード

http://www.accesstrade.ne.jp/

ポイント

- ➡ゲームや金融系の広告主が多い
- ➡最低振込額1000円以上
- ➡振込手数料無料
- ➡支払い期間は月末締めの翌々月15日（休日の場合は翌営業日）

体験談は何よりも効果的！

自分の体験したことは、記事にしやすいだけでなく、参考にする人が多いのでオススメ。

体験談を書いてみよう

アフィリエイトで効果があるものの一つが、「体験談」です。たとえば、あなたが温泉旅行に行くために、旅館を予約しようとしたとします。何を基準に決めますか？ 料金や場所も重要ですが、「クチコミを参考にする」という人が多いのです。

図3は、Hotel.jpというサイトを運営している株式会社ベンチャーリパブリックが2015年4月に行ったアンケート結果です。このアンケートでは「最も」という聞き方をしているので、価格やロケーションにはかないませんが、それでもクチコミが一番大事だと思っている人が結構いますね。なにより、アフィリエイトで差がつくのはクチコミです。

あなた自身も、何かを選ぶとき、ネットのクチコミを参考にしていませんか？ 年々クチコミを掲載するサイトが増えていると思いませんか？「体験談」と言われると、ちょっと固い印象がありますが、クチコミでよいのです。

体験談を書くポイント

クチコミを書くのは簡単です。実

図3 ホテル・宿を選ぶ際に最も重要視することはなんですか？

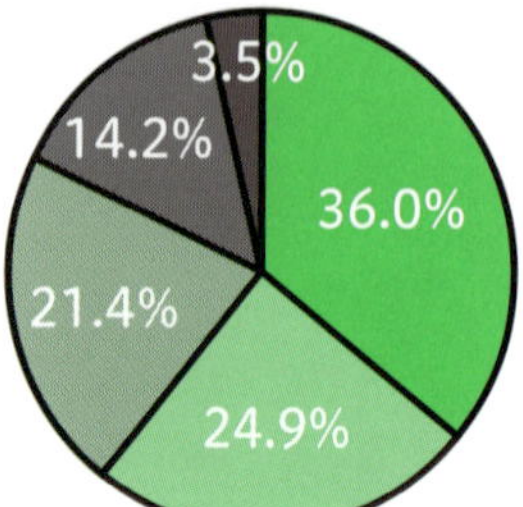

出典：株式会社ベンチャーリパブリック「約10,000人のユーザーによる、GW旅行計画に関するアンケート」
http://www.vrg.jp/2015-4-10/

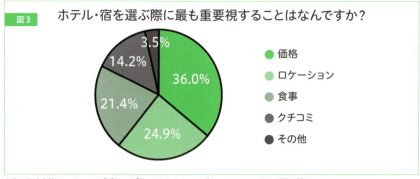

際に自分の行ったことがある旅館やホテルのクチコミを、宿泊予約サイトで見てみましょう。そこにはさまざまなコメントが寄せられていると思います。それらを見て、「自分ならこう思ったんだけどな」ということを文章にしてみてください。

仮に、「食事の味付けが濃くて、おいしくありませんでした」と書かれていたとします。あなたはどう感じましたか？「私はそんなに味付けが濃いとは思わなかったけど、一緒に行った友人は濃いと言っていたな」ということがあったかもしれません。これでいいのです。あとは、わかりやすい文章にするだけです。図4に挙げた例のように、自分の意見を加えたうえで、かつ客観的に書きましょう。

図4

旅館のクチコミの例

総合 ★★★★★ 5

○○さんのクチコミ

○○さん　○年○月○日　○○:○○

○○という宿泊予約サイトのクチコミでは、味付けが濃いという意見があったのですが、私はそんなに味付けが濃いとは思いませんでした。でも一緒に行った友人は濃いと言っていたので、そう感じる人も多いかもしれません。

レビューを評価してください。
このレビューは参考になりましたか？　はい　いいえ

洗剤のクチコミの例

総合 ★★★★★ 5

○○さんのクチコミ

○○さん　○年○月○日　○○:○○

洗濯洗剤はずっとAを使っていましたが、汚れは取れてもニオイがあまり取れませんでした。そこで、Bに変えてみたところ、汚れもニオイもよく取れるようになりました。

レビューを評価してください。
このレビューは参考になりましたか？　はい　いいえ

本やマンガの感想でもOK

読書感想文も一種のクチコミです。本を読むのが好きな人なら、書くのも苦にならないでしょう。みなさん小中学生のころに書いたと思いますが、それを今度は大人になった視点で書いてみてください。子供のころのように「マンガはダメ」なんてこともありません。

以前、1冊売れれば40円入ってくるというアフィリエイトで、とあるマンガの感想を書いたら100冊ほど売れたことがあります。つまり4000円の収益が発生しました。そんなに売れることは稀ですが、3冊や5冊くらいなら割と売れるもので、それでよいのです。アフィリエイトはその積み重ねで儲けていくものですから。

体験談を書くときに注意すること

体験談を書くうえで、必ず注意して欲しいことがあります。それは「ウソを書かない」ということです。アフィリエイトを行う場合、商品を購入して欲しい、サービスに加入して欲しいと思うあまり、褒めすぎてしまうことがあります。でも考えてみてください。クチコミサイトであまりにもベタ褒めのことばかり書かれていたら、何かウソっぽく、サクラではないかと疑うと思います（図5）。

褒めすぎは逆効果になることがあります。きちんとよくなかったことも書かなければいけません。そのうえで「ここはよかった」という点を書くようにしてください。

図5

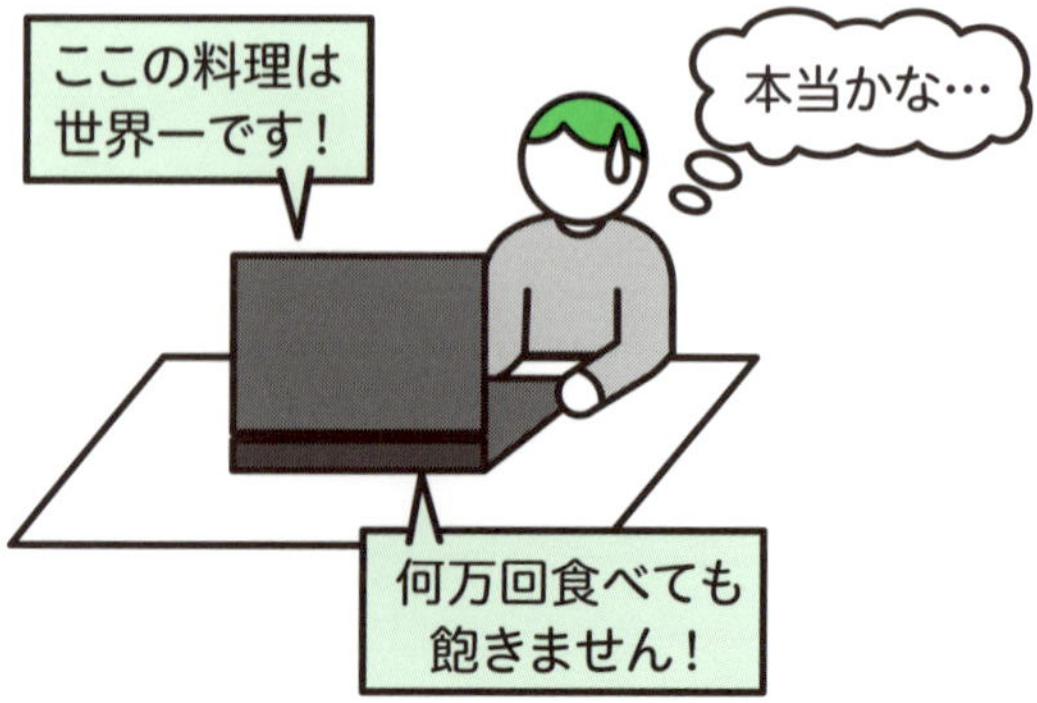
ここの料理は
世界一です！
本当かな…
何万回食べても
飽きません！

Column 発生金額と確定金額

すでに軽く触れましたが、発生金額と確定金額について、もう少し詳しく述べます。

ある商品の広告をブログに掲載したとします。その商品が一つ売れたら、報酬として1000円もらえることになっていたとします。しかし、中にはキャンセルになることもあります。購入した商品がやっぱり必要なくなった、もしくは不良品だったなどの理由で返品することはあるでしょう。そうなると、実際には売れたわけではないので、報酬が一時的には発生しても、あとで取り消しになることがあります。

また、クレジットカードはアフィリエイトでも人気のジャンルですが、カードには審査があります。せっかく自分のブログから申し込んでもらっても、その人が審査に通らなければ、当然報酬は発生しません。そのため、仮に10万円の報酬が予定されていても、実際に振り込まれる金額は5万円だった、ということもよくある話です。

アフィリエイトは申し込みがあった時点で、発生金額として売上があったことがわかりますが、キャンセルなどの理由により、必ずしも全額が振り込まれるわけではないということは知っておきましょう。

報酬がいつ確定するのか、その条件もきちんと把握しておきましょう。商品の購入でも、商品を発送した時点で報酬が確定する場合もあれば、発送して一定期間返品がなかったら確定する、という場合もあります。支払いが完了した時点で報酬が確定するというものもあります。

特に報酬の確定が遅いのが旅行関係です。ホテルや旅館の予約は数カ月前に済ませる人もいますよね。そのため、確定するのが半年以上あとになることも珍しくありません。

また、確定作業を月に一度しかしてくれない広告主も多数います。「まだ承認されない！」なんて思わずに、ゆっくり待つようにしてください。

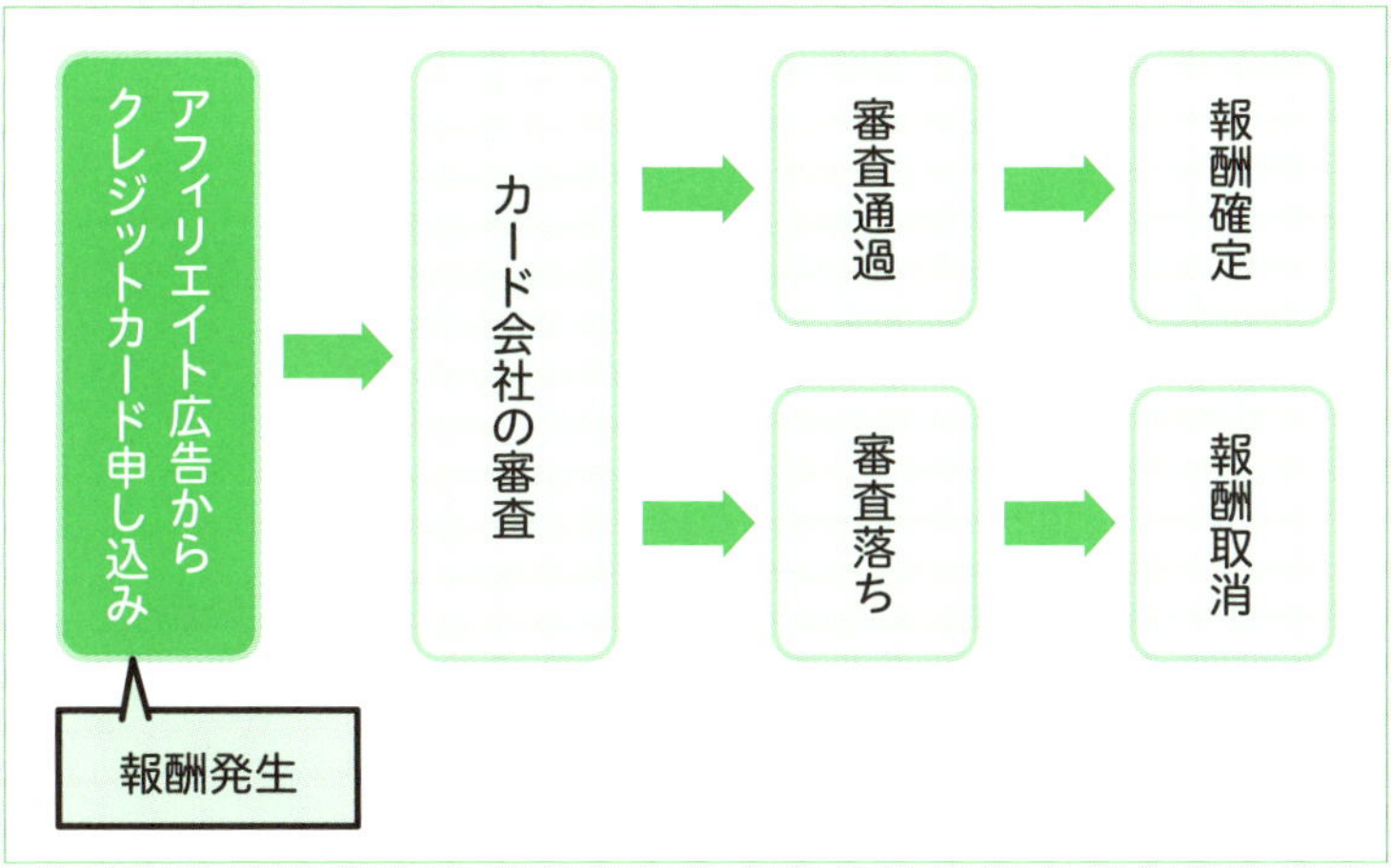

テーマを絞ろう

ある程度記事を書いたら、自分はどんなテーマが得意なのか考えよう。

自分で書けることを考えてみよう

まずは慣れるため、好きなことをドンドン書いてみるのがよいと思います。しかし、アフィリエイトで稼ぐためには、内容を徐々に絞っていく必要があります。書くことに慣れてきたら、自分が書けることは何か、あらためて考えてみましょう。

20本記事を書くとわかってくる

まずは20本くらい記事を書いてみると、自分にとって何が書きやすいのかもわかってくると思います。それから、書きやすいものに絞ったり、新たに決めたテーマで別にブログを作ったりすることをおすすめします。

テーマの選定

では、テーマはどうやって絞ればよいでしょうか。雑多なテーマのサイトは、あまりアフィリエイトに向いておらず、1つのテーマに絞るほうが効果的です。もちろん稼げるテーマが理想ですが、最初はむしろ避けたほうがいい場合もあります。

クレジットカードやカードキャッシングをテーマにすれば儲かると、よくいわれています。確かに、1件の成果が確定すれば、数千円から1万円程度になるので、儲かりそうに思えます。ところが、儲かるジャンルというのはライバルも多く、専業のアフィリエイターもたくさんいるので、初心者はなかなか太刀打ちできません。

実際にクレジットカードできちんと儲けるためには、最低1000本も記事が必要だという話もあります。筆者もクレジットカードのブログを運営していますが、それで月に5万円稼げるようになったのは、300本近く書いてからでした。毎日1本書いたとしても、10カ月かかることになりますね。

報酬が大きいということは、それだけ難しいということにもなります。

単価の高いテーマに対しては、急がば回れで、経験を積んでから挑戦するようにしたほうが、結局は成果が上がるでしょう。

最初はなんでも書いてみよう

普段の生活で食べたものや、使っている家庭用品、読んだ本など、いろいろなことを書いていくと、読まれている記事の傾向が見えてきます（閲覧数をチェックするツールは第3章で解説）。たとえば渋谷で仕事をしていたら、渋谷のランチをよく食べることになります。それを書いた記事がよく読まれているなら、「渋谷のランチガイド」というサイトを作ってみるのも面白いかもしれません。普段のいろいろな行動を記事にしていくことで、自分が書ける範囲で読者が求めているものがわかるようになるのです。

また、自分の病気のことをテーマにしたブログなども、1つの方法です。筆者は子どものころから「慢性アキレス腱腱鞘炎」を患っていたのですが、これをテーマにしたブログを立ち上げたところ、10記事くらいしか書いていなくても1日10人くらいの人が見てくれるようになりました。自分で使った薬やサポーターを紹介したところ、月に3000円から5000円くらいの収益になりました。

何に需要があるかわからないときは、なんでも書いてみて、そこから人気のあるものを見つけましょう。1つのテーマに特化したサイトやブログを作っていくと、思いのほか収益化できるようになります（図6）。このように、1つのジャンルなどを切り離して独立させることを、スピンアウトといいます。

図6

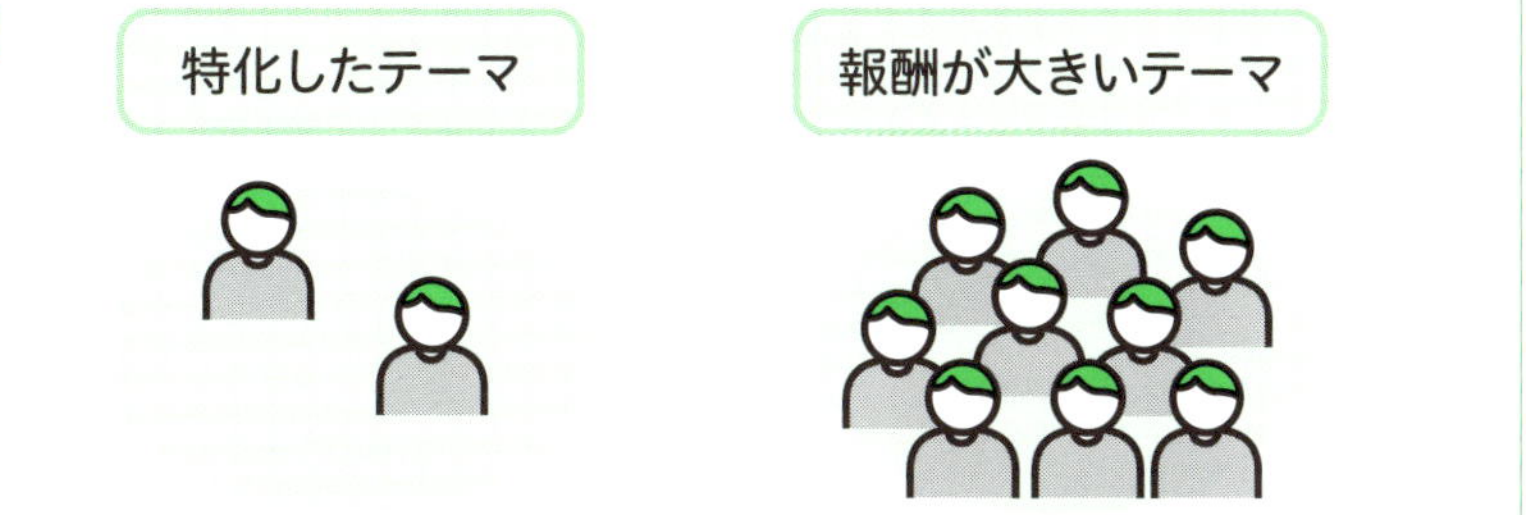
特化したテーマ
報酬が大きいテーマ
ライバル少
ライバル多

ブログでアフィリエイトをすると叩かれる？

ネットで怖いのが「叩かれる」こと。大事なのは鈍感さ？

「スルー力」を身につけよう

ブログを書いていると必ず、ひどい言葉をコメント欄などに書かれる経験をすると思います。「そんなことは思っていないのに、何でこんなひどいことを言うの？」と悩み、くじけてしまい、書けなくなる人はたくさんいます。メールアドレスを公開していれば、わざわざメールで文句を言ってくる人もいます。ブログではそういうときにスルーするチカラ、「スルー力」が必要です。これができないと、ブログでアフィリエイトを続けるのは無理です。気にしないということは、ものすごく重要なことです。

反対意見にも参考になるものはある

でも、反対する人の意見にも、きちんと筋が通ったものはあります。そういうものまで無視をしていると、考え方がかたよってしまうので、無視するべきか考えるべきか、見極めることが大切です。

また、情報を発信するということは、誰かを傷つける可能性があるということも覚えておいてください。傷つけようと思っていなくても、あらゆることに賛否両論があるわけです（図7）。

きついコメントをもらうなんて怖いことを書きましたが、もちろん、すごく共感してくれる人もいます。そういう人が現れたときに、なぜ共感してくれたのか考えることもまた重要です。賛成意見に対しても、その背景を想像してみることで、その後の記事に磨きがかかるでしょう。

万人に向けて書く記事は共感されない

何にでも賛否両論があると述べましたが、これはつまり、万人が納得してくれる記事は誰も書けないということです。野球ファンでも、アンチ巨人という人がいます。しかし、そういう人がいるから面白いともいえるわけです。いろいろな人がいるから面白いのであって、全員が同じチームのファンでは、応援する意味がありません。

10人の賛同や共感のコメントよりも、反対する1人のきついコメントが、心に重くのしかかるときもあります。ここで気にしてしまうと、記事が書けなくなったり、書けたとしても注意書きが多くなったりしてしまいます。反対意見を気にするあまり予防線を張ってばかりでは、何が言いたいのかわかりにくくなり、記事の質が下がってしまいます。これらの理由から、万人に向けて書くよりも、自分と同じ悩みを持つ人に向けて書いたほうが、読んでくれる人に対して響く記事になり、結果もついてきます。

図7

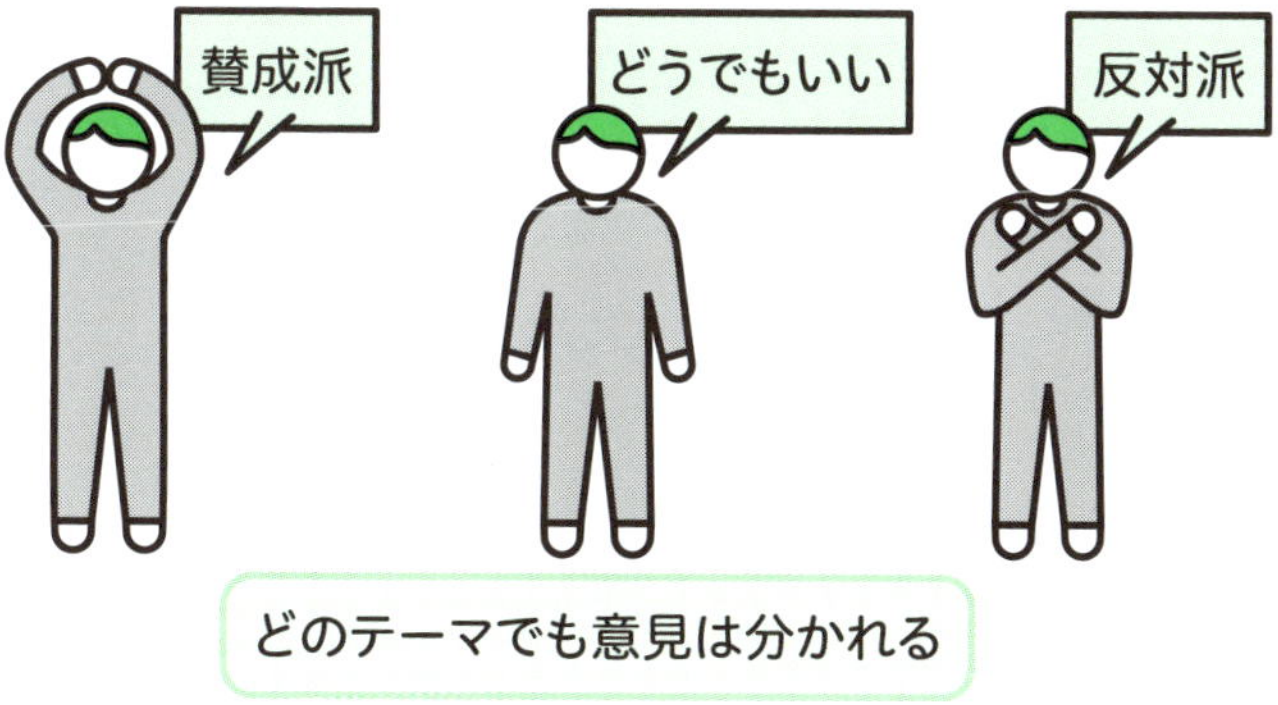
賛成派
どうでもいい
反対派
どのテーマでも意見は分かれる

Column 着眼点を変えてみよう

クレジットカードのアフィリエイトは難しいと書きましたが、着眼点を変えれば方法はあります。一例として、自分が使っているカードだけに特化したらどうでしょうか。主婦なら、自分のよく行くスーパーのカードを持っている人は多いです。ポイントも貯まるし、カードで買えば5％OFFになるような日もあります。日々買い物に行くのなら、「こんな特価品があった！」とか、「これでお得になった！」という発見もあると思います。そういう情報は、読みたくなるものです。いろいろなカードを紹介したほうが儲かると思ってしまうものですが、逆に絞ったほうが稼げることもあるということは、頭の片隅に入れておいてください。

誰に向けて書く?

世の中には本当にいろいろな人がいます。その中の誰に読んでほしいか考えよう。

読ませたい人を想像する

より具体的に、誰に向けて記事を書くのか考えてみましょう。

たとえばレシピを記事にするとします。レシピ記事は、アフィリエイトでは道具や食材を紹介して収益を上げることができます。その記事の中で「塩を少々」と書いたとします。これは誰に対して使った言葉ですか？ 料理をほとんどしたことがない人にしてみれば、「少々の塩」という量は想像できないでしょう。

料理がある程度できる人にとっては、特に違和感はなさそうです。しかし、それが初心者向けの記事だったら、不親切だと思われてしまうかもしれません。

つまり、どういう人に対して記事を書くのか明確にすることで、何が足りないのかが見えてきます（図8）。「塩を少々」がわかる人なのかわからない人なのかを考えて書くだけで、かなり違う内容になるはずです。

ターゲットをあいまいにしない

もう一つ例を挙げると、アフィリエイトでは転職・求人というジャンルも活発です。転職を経験したことがある人は、ネットで情報を探したときにどんなキーワードで検索したか思い出してください。20代と40代では、転職の意味や状況は大きく異なります。20代であれば未経験でも募集はありますが、40代で未経験可の職種を探すのは困難です。また、性別や保有資格でも変わってきます。

これらの例のように、初心者向けなのか経験者向けなのか、20代向けなのか40代向けなのか、男性向けなのか女性向けなのかなど、対象を明確にしなければ、書く内容がブレてしまい、結果的に相手に響かないものになってしまいます。漠然と「○○の記事でアフィリエイトをやろう」と思いついただけで書いてはいけません。手を動かす前に考える習慣をつけてください。

ペルソナを設定する

テーマを決めたあとは、サイト全体で大まかな読者を想定してください。そして、記事単位で細かい読者を想定すると、よい結果を得られます。このように、読んでくれる人、ターゲットとする人の年齢や性別、経験値、趣味などから人物像を決めることを「ペルソナを決める」といいます。

きちんとペルソナを設定することで、読まれる記事になるだけでなく、書くべき内容が明確になって、書きやすくもなるでしょう。

ふむふむ…

図8

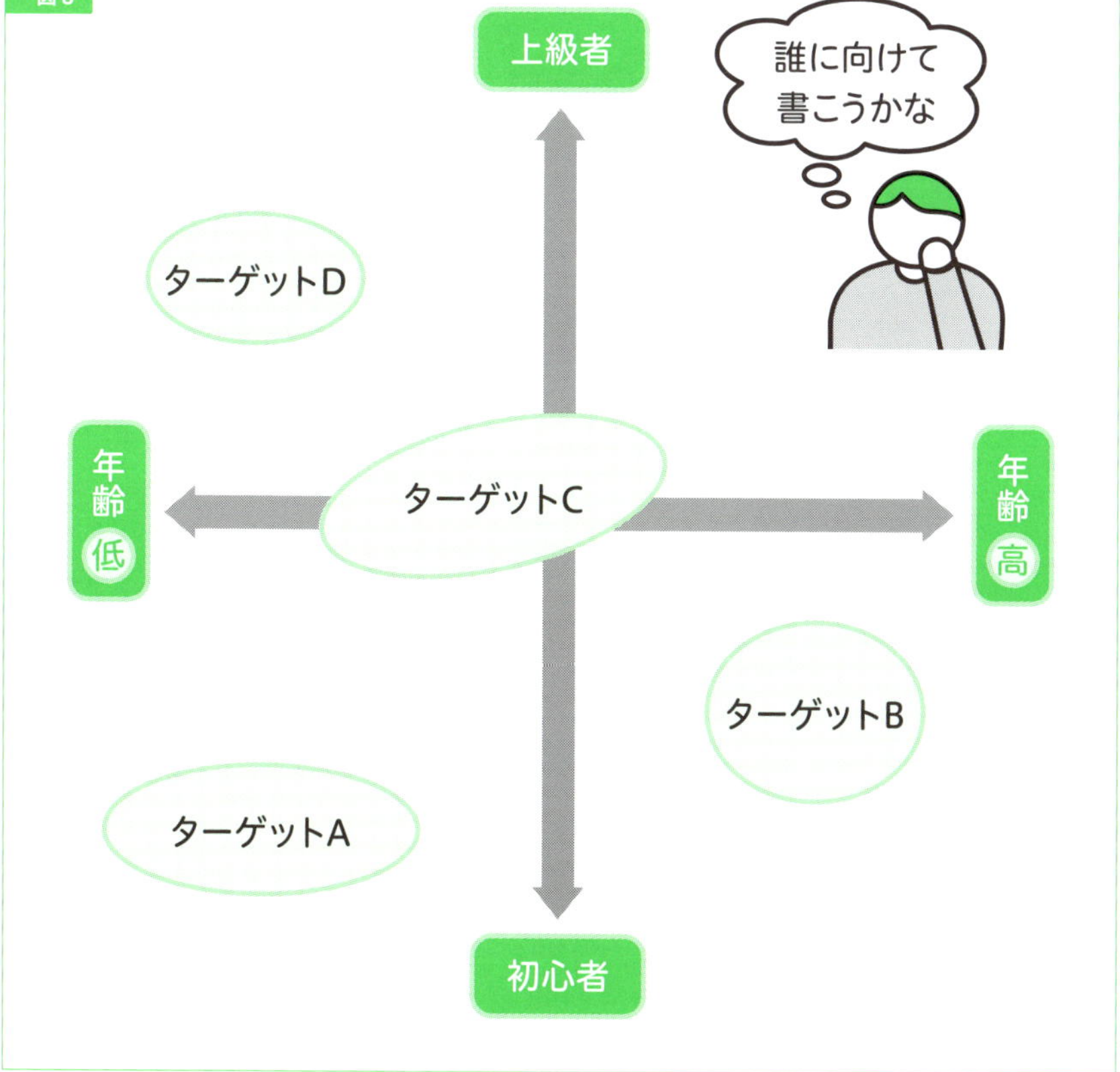
上級者
誰に向けて書こうかな
ターゲットD
年齢低
ターゲットC
年齢高
ターゲットB
ターゲットA
初心者

くじけないための Google AdSense

アフィリエイトが軌道に乗るまでは、Google AdSenseで収入をゲット!

Google AdSenseはクリック報酬型広告

ここまで成果報酬型広告であるアフィリエイトについて説明してきましたが、似て非なるもので「クリック報酬型広告」というものがあります。名前のとおり、クリックしてもらうだけで報酬が発生する広告です。

アフィリエイトでもクリックだけで報酬が発生するものはありますが、1円から5円くらいが一般的です。しかし、クリック報酬型広告の中には、10円や50円という報酬になるものもあります(中には1000円以上になるものも)。特に稼げるのが、Googleが行っている「Google AdSense」です(図9)。ブログをメインにアフィリエイトを行っている人の中には、Google AdSenseのほうで稼いでいる人もいます。

クリック報酬型広告の報酬は一律ではない

クリックしてもらうだけで50円や100円になるなら、そっちのほうがいいと思うかもしれません。

しかし、ほとんどのクリック報酬型広告は、1クリックあたりの単価は固定ではありません。また、どの広告が表示されるかもわかりません。そのため、単価の高い広告だけを設置することは難しいといえます。もちろん、単価の高い広告を出す方法もあるのですが、最初のうちは狙わないほうがいいでしょう。

Google AdSenseは審査がきびしめ

クリック報酬型広告の中で最も稼げるといわれているGoogle AdSenseですが、そのぶんサイトの審査が厳しく、記事の内容もルールが決まっています。その代わり、確かに稼ぎやすいものにはなっています。目安として、1000PV(PV=ページビュー。サイトで閲覧されたページ数のこと)で100円から500円くらいが一般的です。

Google AdSenseはPV数に比例して収入(クリック数)が上がるので、2000、3000とPV数が伸びれば、そのぶん報酬も増えていきます。細かいルールが数多くあるので、詳しくはGoogle AdSenseのサイトを参照してください。

Google AdSense
URL http://www.google.com/intl/ja/adsense/start/

アフィリエイトで儲かるまでの励みに

アフィリエイトはかんたんですが、最初のうちは辛抱が必要です。たぶん、何度か嫌になると思います。最初の1カ月は0円なんてこともよくある話です。なかなか成果が出ないと、くじけてしまう人も出てきます。

それを避けるために有効なのが、Google AdSenseなのです。記事が20〜30本くらいになったら、Google AdSenseに申し込んで実際に使ってみることをおすすめします。おそらく、30本も書けば、月間で1000PVから2000PVくらいになるはずです(おかしなことを書いていなければ)。そうすると、Google AdSenseによって100円から500円程度を稼げます。これを励みにしながら、読まれる記事を意識して書くことを続けましょう。

なぜ報酬が一律じゃないの？

Google AdSenseは、ユーザー一人一人にあった広告を表示させるしくみになっています。その1つの方法として「リマーケティング広告」という手法があります。どこかのネットショップを見ていたら、ほかのサイトに移動しても見ていた商品の広告が表示されたという経験はありませんか？これがリマーケティング広告で、閲覧履歴から興味のあり

図9

そうな広告を出しています。Google AdSenseでは、かなりの確率でこの手法を使っています。

もう1つ多いのが「コンテンツマッチ」というものです。これはサイトに関連した広告が設置されるもので、書いてある内容に興味があるだろうと判断して出されています。

このように、適切な広告を出すしくみがあるのですが、これに広告主が払っている広告費が絡んできます。広告費をたくさん出している広告なら報酬も増えますが、広告費は時期によっても変動します。極端な例だと、真夏にストーブの広告を出しても購入される期待が薄いので、広告費も少なくなります。つまり、ユーザーの興味によって表示される広告が異なり、広告費によって同じものでも金額が変わるので、一律の報酬が設定されていません。

Column アフィリエイト広告とGoogle AdSenseとの使い分け

しばらくすると、Google AdSenseだけで月に数千円稼げるようになるかもしれません。だからといって、Google AdSenseをメインにしては本末転倒です。アフィリエイトと比べてどちらが最終的に稼げるかといえば、題材によっても異なりますが、アフィリエイトのほうが稼げる場合が多いです。

週に1～2件アフィリエイトで報酬が取れるようになってきたら、徐々にGoogle AdSenseを減らしていきましょう(Google AdSenseは通常、1ページに3つまで表示させてよいことになっていますが、それを減らします)。

アフィリエイトで全然成果が発生しないという人のブログを見ると、Google AdSenseを記事の途中に設置している場合があります。しかしそれは、記事の途中でGoogle AdSenseをクリックしているために別のサイトに移動しており、最後まで記事を読んでもらえないことが、アフィリエイトで成果が出ない原因とも考えられます。

Google AdSenseはPVが増えればクリックされる可能性も高くなるので、報酬は増えていきます。PVを増やすことを前提にしていれば、アフィリエイトよりも稼げる場合もあります。話題性のあること(有名人の結婚など)を書けば、多くの人に読んでもらえるかもしれません。ただし、それは一過性のことです。ずっと稼ぐためには、記事を書き続けなければいけません。アフィリエイトでずっと需要のあること、たとえば悩みに関すること(育毛やダイエット、美容など)について記事を丁寧に書いていれば、それほど更新しなくても、安定して収入を得られるようになるはずです。

長い目で見て、Google AdSenseからアフィリエイトに重心を移しましょう。

Chapter 2
サイトを開設しよう

- 最初はブログからはじめよう
- はてなブログをはじめてみよう
- ブログ名にはこだわろう
- 読まれるブログにするコツ
- 読者が記事を探しやすいようにする
- Webページの構成を考えよう
- 自分でブログやサイトを作るには
- ライバルの少ないニッチなテーマで稼ぐ
- ASPの審査について

最初はブログからはじめよう

はじめての人はブログから。代表的なサービスを紹介するよ。

アフィリエイト初心者はブログサービスから

この章からは、アフィリエイト用のサイトを作るための実践的なことを説明していきます。まずは、実際にどういう方法があるのか、代表的なものを説明していきます。

サイト制作の知識がないのであれば、一番始めやすいのはブログサービスを利用することです。代表的なブログサービスをいくつか挙げると、アメーバブログ(アメブロ)、FC2ブログ、Seesaaブログ、ライブドアブログ、はてなブログなどがあります。

一概にどれがよいとはいえないのですが、アフィリエイトを禁止にしているサービスもあるので、それは避けないといけません。

無料で始めて有料に切り替える

ブログサービスは無料で使えますが、その代わりサービスを運営している会社が広告を掲載しています。本格的にアフィリエイトをするのであれば、自分の収益にならない広告は表示させたくないものです。そういったときは、有料のブログサービスを使います(月300~1000円くらいで利用できます)。最初のうちは無料サービスを使い、稼げるようになってから有料プランに変更するというのもよいでしょう。筆者もそのようにしてアフィリエイトを始めました。

Column ホームページ作成サイト

ブログサービスと似たものでは、ホームページ作成サイトというものもあります。
基本はブログサービスと同じで、無料版であればサービスを提供している企業の広告が表示され、有料版なら広告を非表示にできます。

アメーバブログ（アメブロ）
http://ameblo.jp/

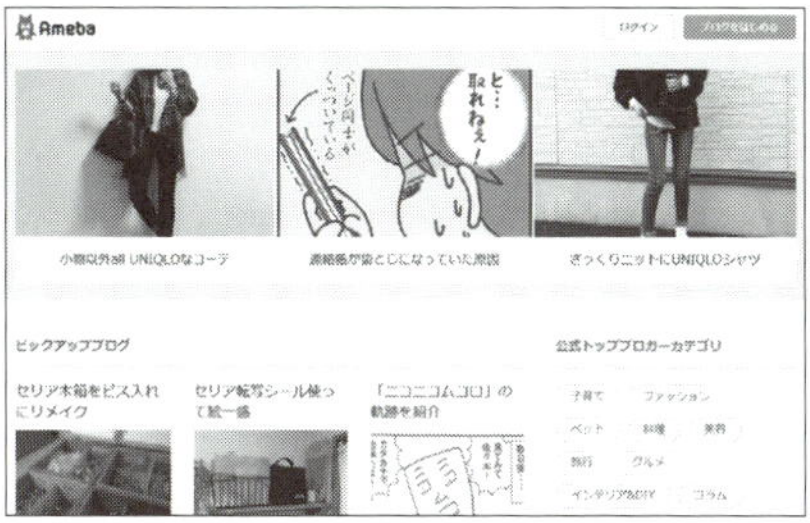

ポイント

- ➡アフィリエイトは限定的
- ➡Google AdSenseは可能だが、手続きが大変
- ➡本格的なアフィリエイトサイトには向いていない

FC2ブログ
http://blog.fc2.com/

ポイント

- ➡アフィリエイトは自由
- ➡有料プランへの変更が可能
- ➡有料プランは自由度が高く、カスタマイズもできる

Seesaaブログ
http://blog.seesaa.jp/

ポイント

- ➡アフィリエイトは自由
- ➡有料プランへの変更が可能
- ➡無料プランでも独自ドメインが使える

はてなブログ
http://hatenablog.com/

ポイント

- ➡主目的でなければアフィリエイト可
- ➡有料プランへの変更が可能
- ➡はてなブックマークと連動させることで、バズを発生させやすい

ブログサービスは仲間を作りやすい

アフィリエイトは継続が大事ですが、1人で黙々と書いているのはつらいときがあります。ブログサービスでは、同じサービスを利用している仲間を見つけやすいというのも大きな利点です。

お互いに切磋琢磨できるので、くじけずに続けることができます。また、人気のあるブログを読むことで、なぜ人気なのか少しずつわかってきます。自分に足りないものを見つけやすいといえます。

気をつけて欲しいことは、ブログが楽しくなってしまいアフィリエイトを忘れてしまうことです。続けていればある程度は収入が発生すると思いますが、収益を増やすことを忘れないようにしましょう。

バズが起こってもブログサービスなら対応できる

「バズ」という言葉を聞いたことがあるかもしれません。バズとは、記事がTwitterやFacebookなどで爆発的に拡散されることをいいます。筆者も、1つの記事が1日に10万PV以上になったことがあります。

このようにアクセスが集中したとき、自分でレンタルサーバーを借りている運用方法だと、表示されなくなる恐れがあります(いわゆる「サーバーが落ちた」という状態)。しかし、たいていのブログサービスは突然のバズにも対応できるしくみを持っているので安心です。せっかくアクセスが多くなっても、表示されなければ意味がありません。もちろん高価で高性能なレンタルサーバーなら対応できますが、最初からそんな投資をするのは難しいでしょう。

バズはそうそう起きるものではありませんが、ブログサービスなら「もしも」の心配がありません。

おすすめのブログサービスはてなブログ

本章のはじめにいくつかのサービスを紹介しましたが、筆者のおすすめは「はてなブログ」です。ただし、アフィリエイトをメインの目的としたブログは禁止されているので注意してください。はてなブログのガイドラインでは、アフィリエイトについて次のように書かれています。

> 商用サイトへの誘導や収益を得ることを主目的とした、はてなブログの利用を認めません。ただし、下記の目的で掲載する広告についてはその限りではありません。
>
> ・個人や団体が公式ブログとして利用する際に、その活動を紹介する
> ・お勧めしたい商品(またはそのリンク)を自身の言葉でレビューし、読者に勧める
>
> 広告の掲載方法や内容に関しては、別途定める「広告における禁止事項」で制限されます。禁止事項に反さない限り、アフィリエイトプログラムの制限はありません。すべてのアフィリエイトを利用できます。

はてなブログヘルプ「はてなブログのガイドライン」より引用

URL http://help.hatenablog.com/entry/guideline

初心者ほど儲けようとする意識が強く、押し売りのようになってしまいがちです。また、書き手が使ったこともない商品をすすめられて購入する気が起きるでしょうか。このガイドラインは、初心者に大切なことも教えてくれています。

ブログサービスにはアフィリエイトに挑戦中の人がたくさん。交流しながら続けていこう!

Column 有料版のはてなブログ

はてなブログは無料で使えますが、途中から有料プランに移行することもできます。有料プランは広告を非表示にできるだけでなく、独自ドメイン(オリジナルのURL)を設定できます。また、はてなブログは無料版でも3つのブログを持てますが、有料版では10個まで作成できます。

はてなブログをはじめてみよう

はてなブログの登録はカンタン!

ここでは実際に、はてなブログに登録する方法を解説します。

①まずは、はてなブログにアクセスします。URLを入力するか、「はてなブログ」で検索してください。

http://hatenablog.com

②トップページにある「はてなブログをはじめよう」をクリックします。

③「はてなブログをはじめる（無料）」をクリックします。

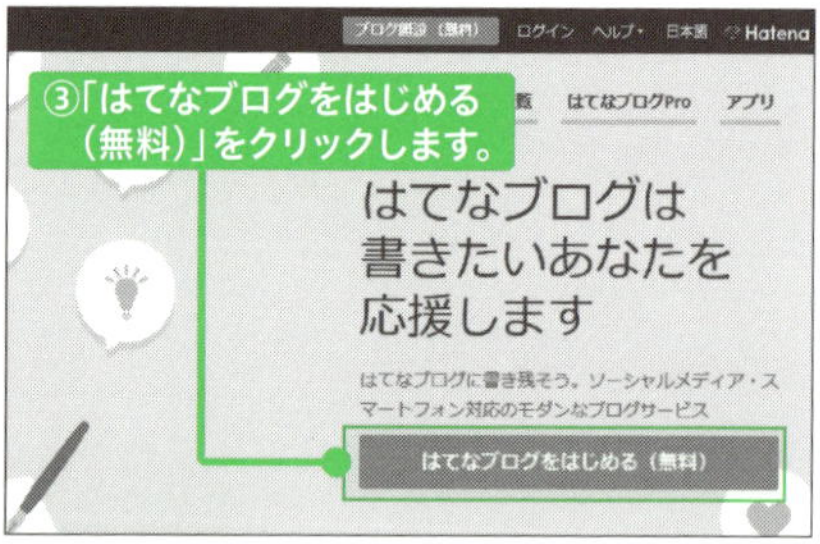

④「はてなID登録」をクリックします。

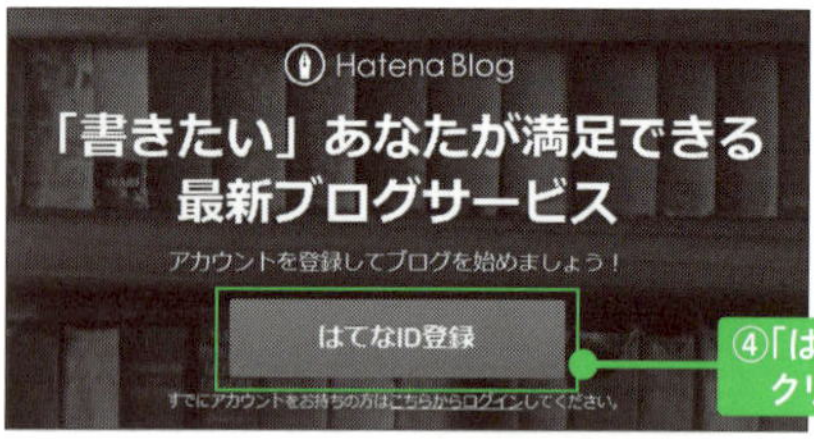

⑤IDとパスワード、メールアドレスを入力します。

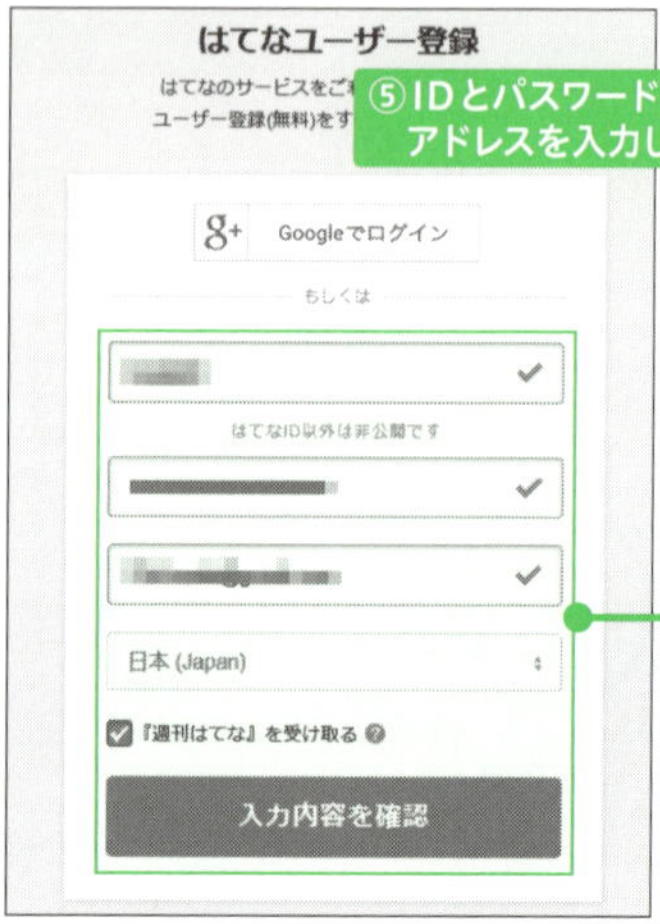

⑥間違いがないか確認して、「登録する」をクリックします。

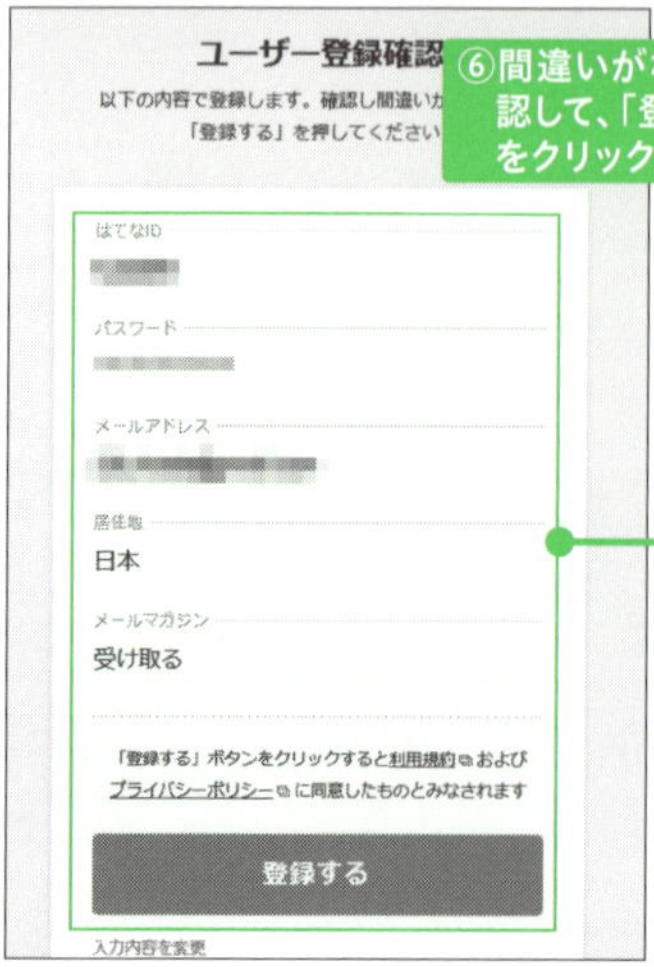

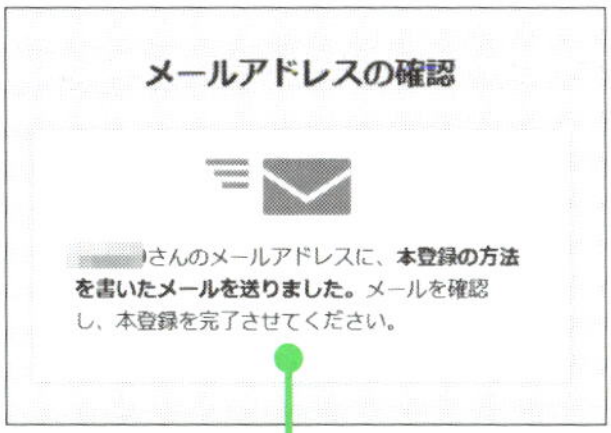

⑦登録確認メールが送信されます。届いたメールを確認して、「本登録用URL」をクリックします。

⑧ブログのURLを自分で決めて入力します。「私はロボットではありません」にチェックを入れ、「ブログ作成」をクリックします。

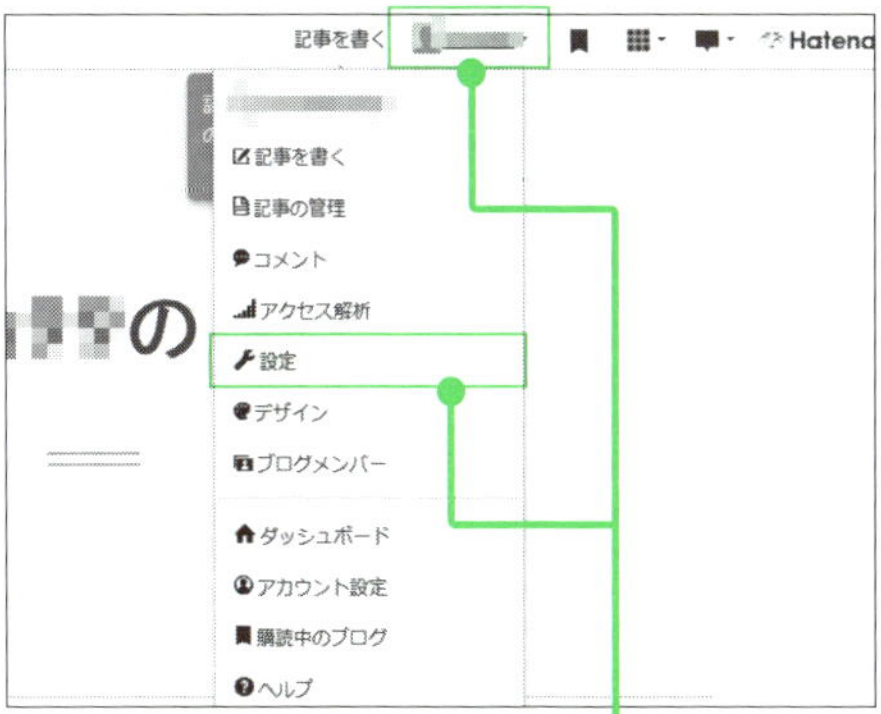

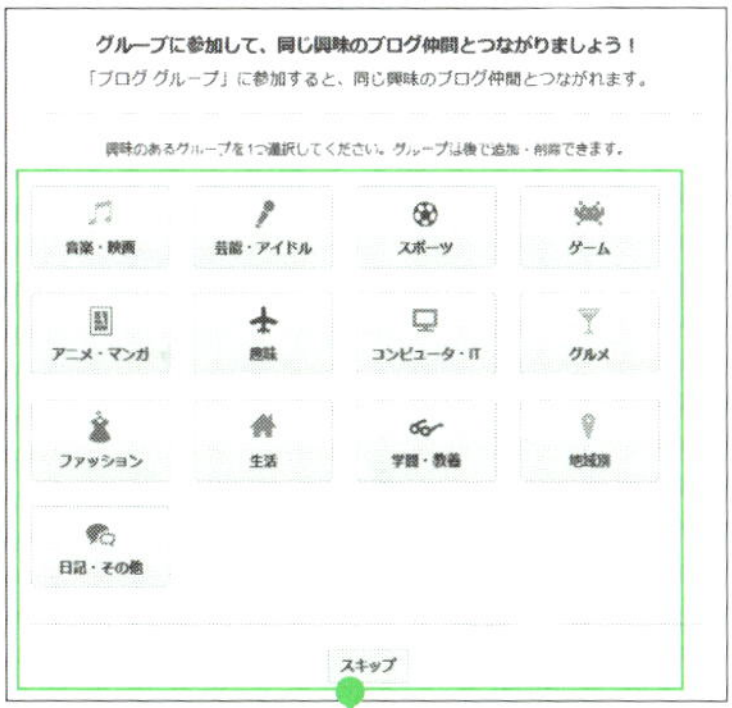

⑨グループの選択画面が出ますが、希望のものがなければスキップしても構いません。

⑩画面上部のIDをクリックするとメニューを選べます。「設定」をクリックして、自分用の設定を行っていきます。

あとは、はてなブログのヘルプページを見ながら書き方を覚えていきましょう。

はてなブログヘルプ
URL http://help.hatenablog.com/

最初はアフィリエイトのことは気にせず、自分の好きなことを書いてください。まずはブログを書くこと、文章を書くことに慣れるのが一番です。使い方を覚えるつもりで、前述のように身近な体験談をいくつか書いてみてください。

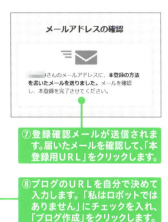

ブログ名にはこだわろう

ブログ名はシンプルに内容を伝えるものをつけよう。

コツ① 覚えやすい名前にする

最初のうちはとにかく慣れることが大事だと述べましたが、ブログ名だけはちゃんと考えて決めましょう。そう言われても、難しいと思う人もいるかもしれませんね。

たとえば、筆者のはてなブログの名称は「鈴木です。」です。なぜこのタイトルにしたかというと、誰かにブログを見てもらうときにURLを口頭で伝えるのは難しいと思い、「鈴木です。で検索して！」と言えばわかりやすいかな？と考えたからです。ブログ名は覚えやすい名前にしましょう。

コツ② 内容がわかる名前にする

アフィリエイトで行うテーマが決まっていれば、そのテーマをブログ名に含めるようにしてください。たとえば化粧品をテーマにしたブログなら、「メイク」「コスメ」などのキーワードを入れます。もしくは、そのテーマを想像できる言葉でもOKです。

1章でも紹介しましたが、筆者のブログの一つに、温泉を紹介しているものがあります。タイトルは「いい湯だね！」です。温泉という言葉は入っていませんが、「いい湯」という言葉からは、だいたいの人が温泉を想像すると思います。覚えやすいことと同じくらい、何を書いているブログかわかりやすい名前はアフィリエイトでは大切です。ただし、長すぎるブログ名にはしないように。どんなに長くても20文字くらいを目安にしてください。

ブログ名をつけるときのポイント

- 口頭でも伝えやすい
- 伝えた人が検索するまで覚えていられる
- 内容を表す、または内容をイメージできる言葉を含む
- 長くても20文字以内

Column ブログサービスのデメリット

ブログサービスはいいことばかりのようなことを書いてきましたが、もちろんデメリットもあります。一番のデメリットは、サービスが終了してしまうかもしれないという危険性です。採算が合わなかったためにサービスを終了した会社はいくつもあります。

サービスが終了してしまうときは、ほかのサービスに引っ越すことはできます。しかし、独自ドメインを使っておらず、サービスのサブドメインを利用していた場合は、ドメインを変更せざるを得ません。そうすると、アフィリエイトにとってとても重要な、検索流入というものが極端に減ってしまう可能性があります。最初はブログサービスのサブドメインで運営してもいいですが、ある程度収益が発生したら有料版に切り替え、独自ドメインを使うようにしてリスクを回避しましょう。

ちなみに、はてなブログの有料版は月1008円(税込)、年間契約なら8436円(税込)です(図1)。独自ドメインは、最も利用の多い「.com」や「.net」で最初に1000円ほどかかります(有料版の使用料と別)。翌年以降は毎年、更新料が1500円くらい発生します。つまり年間で1万円ほどの費用がかかります。目安として、月に1万円の収益が上がるようになった段階で、有料版への切り替えを考えてみるとよいでしょう。

最初から有料版を利用して、絶対に1万円を稼ぐぞ！と目標にするのもいいかもしれません。自分を追い込むことで力を発揮できるタイプの人は、最初から投資をしたほうがよい結果になることもあります。

ブログサービスである程度稼げるようになったら、有料版を使うほかに、レンタルサーバーを借りてWordPressでホームページを運営する手があります。これについては、後ほど解説します。

図1

読まれるブログにするコツ

ブログの読者は、Web検索からやって来ます。検索にヒットするブログにしよう!

キーワードを考える

ブログを何回か書いて慣れてきたら、「キーワード」を意識するようにしてください。第5章で詳しく説明しますが、「アフィリエイトはキーワードが最も重要」という人もいます。

そもそも、アフィリエイト用のブログはどうやって読んでもらうのでしょうか。自分が何か買いたいときや、旅行に行こうとしたとき、事前に情報を集めると思います。その際に、GoogleやYahoo!などで検索することが多いのではないでしょうか。そして、どうやって検索するかといえば、キーワードを入力するのです。

ブログに来てもらうためには、検索にヒットするようなキーワードを考えることが重要です(これが第5章に登場する「SEO」の第一歩です)。そのキーワードを必ず記事のタイトルに入れてください。

見出しを活用する

もし、記事のタイトルにキーワードを入れられない(入りきらない)場合は、見出しに入れるように心がけてください。

タイトルと見出しの役割について説明しておきましょう。これは、ブログの記事を本にたとえるとわかりやすいです。本を選ぶとき、最初にタイトルを見るはずです。そして中をパラパラと見て、何が書かれているかを目次でチェックする人が多いと思います。ブログの見出しは、本の目次に近い働きをします。

タイトルで自分の求めている情報がないものは、そもそも選びません。検索したときに表示されたブログ記事のタイトルが、自分に関係なさそうだと判断されたら、まずクリックされることはないでしょう。タイトルにキーワードを含める重要性がわかると思います。

見出し(目次)には、「さらにこういう情報を求めているだろう」と思われるキーワードを入れる必要があります。このとき、先に書いたペルソナをきちんと想像します。例を挙げると、化粧品のことを書くにしても、20代と40代では使うものが異なってきます。旅行でも、小さい子供がいる家族、若いカップル、年配の夫婦、それぞれおすすめするホテルは変わってきますよね。この旅行の例からキーワードを考えると、子供がいるなら「乳幼児 無料」、カップルなら「絶景」や「景色がいい」、年配夫婦なら「和室」などと検索しそうです（図2）。このようにペルソナによってまったくバラバラなので、事前にしっかり決めておきましょう。

ただし、深く考え過ぎると記事が書けなくなって本末転倒なので、肩の力は抜いてください。そのうえで、相手の立場になって考えるようにしましょう。

図2

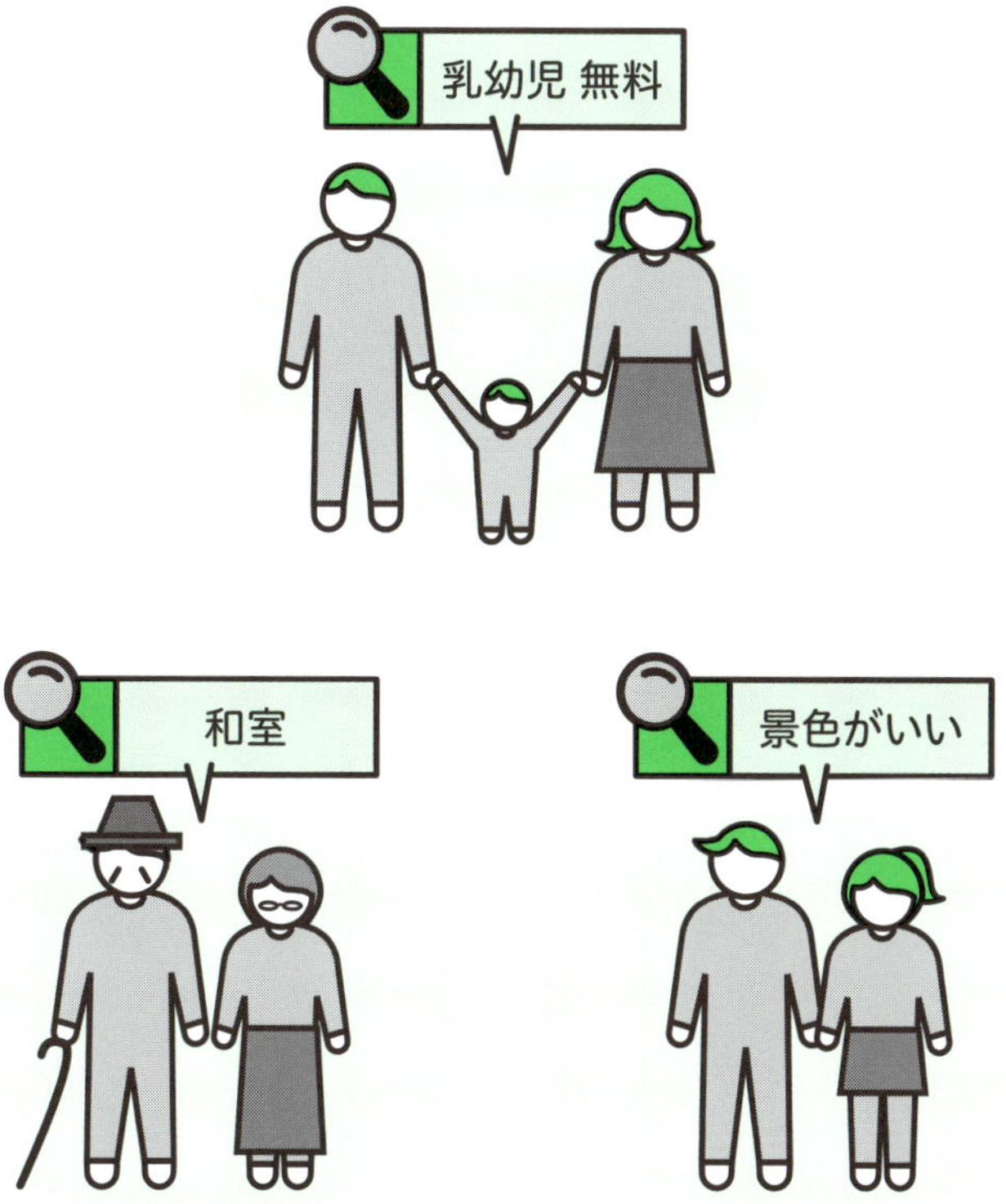

タイトルと中身は一致させる

当たり前だと思うかもしれませんが、ブログ記事のタイトルと内容を一致させないといけません。意外と、一致していないブログを見かけます。キーワードばかり考えていると、内容がズレてしまうことがあるので注意しましょう。

別のイメージを持って記事を読んだ人に対しては、どんなによい商品を紹介していても、購入してくれることは滅多にありません。必ずタイトルは内容と一致するようにしてください。

商品を売るな！価値を売れ

これは最近特に言われていることです。たとえばパソコンのアフィリエイトでよくありがちなのが、「CPUは最新、メモリは16ＧＢ、ＳＳＤは２５６ＧＢでお得です！」などと紹介しているところ。これでは、何でお得なのかわかりません。その価値がわかっているくらいの人なら、価格比較サイトで最安値を探して購入してしまいます。

売ろうと思うあまり、その商品のメリットばかり強調してしまいがちなのですが、それではほとんど売れません。たとえば、「このパソコンなら、デジカメで撮った写真や動画を編集するとき、メモリが16ＧＢもあるので快適です」と書いたほうが売れやすくなります。そのパソコンを購入することで何ができるのかという価値を提供することが大切です。

商品を購入することで実現できることを提示し、希望をふくらませることで、購入率は格段に上がっていきます。

最後のひと押しがあればもっと売れる

さらに、ひと押しできればより売れます。これは、テレビ通販がお手本になります。まず、テレビ通販はなぜ売れているか考えてみましょう。簡単にいうと、２つポイントがあります。

①その商品を購入することでできること、得られるものを(実演もまじえながら)説明している

②ダメ押しとして、「いまなら特別値引きでお得」「もう一つついてくる」などと言うことで訴求している

(図3)

この最後のひと押しをしやすいのは、広告主がセールをしているタイミングです。自分が売り込みたい商

品の割引情報は、こまめにチェックしておいてください。

図3

Column バナー広告は貼りすぎない

アフィリエイト初心者のサイトやブログを見ると、サイドバーに何個もアフィリエイト用のバナー広告を設置していることがあります。バナー広告とは、画像を使った広告のことです（図4）。

何人かに「そこから売れていますか？」と聞いたことがあるのですが、「ほとんど売れていない」と答える人が多かったです。筆者の経験上も、サイドバーのバナー広告から収益が発生したことはかなり少ないです。

バナー広告は本当に売りたいもの１つか２つぐらいにとどめておきましょう。また、報酬がいいからといって、テーマと関係ないバナー広告を設置しているサイトもありますが、当然ながらほとんど契約には至りません。月間で何十万人も見ているサイトなら数件は売れるかもしれませんが、１日に2000～3000人くらいの規模なら、ほぼ期待できないでしょう。

押し売りのような感じもしますし、サイトが見にくくもなります。バナー広告の貼り過ぎは百害あって一利なしです。

図4

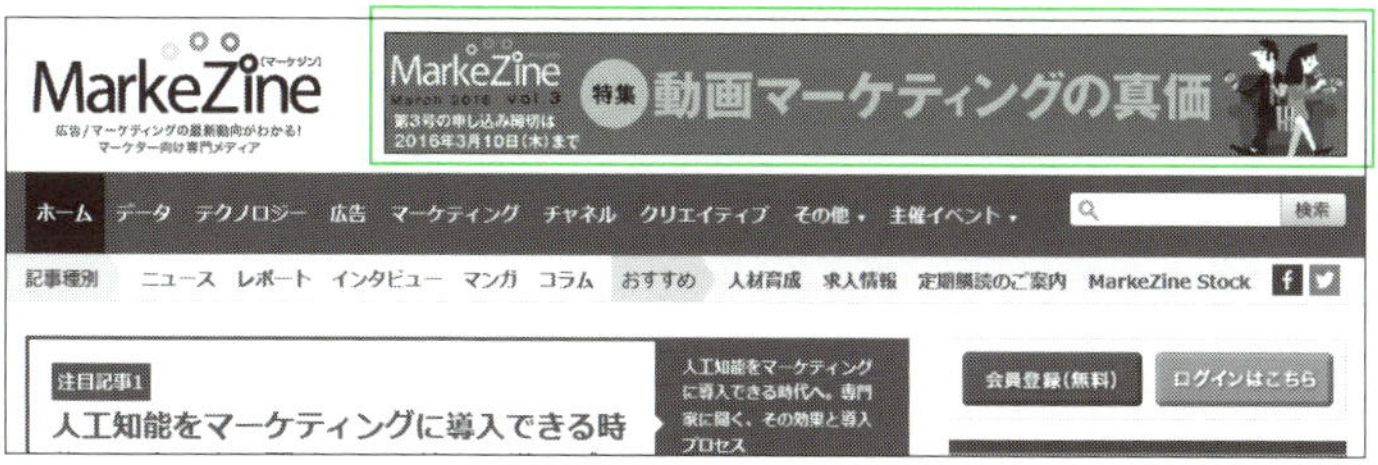

お役立ち情報も盛り込もう

商品を紹介する記事ばかりでは、なかなかアクセス数が伸びません。直接購入に至らないような記事も必要になってきます。たとえば、温泉旅行をテーマにしたアフィリエイトサイトなら、温泉宿の紹介だけではなく、泉質によって異なる特徴や効能を説明することで、よりサイトに興味を持ってもらえ、リピーターの獲得にもつながります。

お役立ち情報があることでサイトとユーザーの間に信頼関係が生まれ、「この人が気に入っている温泉宿ならきっといいに違いない！」と思って、アフィリエイトリンクから予約してくれるようになります。図5にお役立ち情報を掲載しているサイトの例を紹介します。このような情報はユーザーにとって有益でしょう。

ブログでのアフィリエイトは自分を売る！

記事ももちろん大切ですが、ブログでは自分を売ることも重要です。ブログの世界には、「プロブロガー」と呼ばれる人たちがいます。Google AdSenseやアフィリエイトで生活できるほどの収益を上げて、その収入だけで生活をしている人のことです。

プロブロガーに共通していることは、自分をしっかりとブランディングして、個性を打ち出していることです。つまり自分を売っているといえます。ブログでより多く稼ぎたい！と思うのであれば、これを心がけてみてもいいと思います。簡単ではありませんが、そのぶん一度ブランディングできれば、自分の名前が武器になるので、非常に大きな強みになります。

しかし、副業として会社にはバレたくないということであれば、あまり積極的に行わないほうがいいでしょう。これはブログの方向性にもかかわるので、最初に決めておくべきです。

Column おすすめしないものを買う人たち

第1章で、なんでも褒めてしまうと、信頼されなくなると書きました。しかし、おかしなもので、絶対におすすめしない！という商品をわざと購入する人もいます。実際に、あまりにひどい商品があったので「購入しないほうがいいでしょう」と書いたら3つも売れて、9000円の報酬になったこともありました。当然、おすすめしている商品のほうが何倍も売れていますが、世の中は面白いものです。

図5

モバイルガジェット東京03　格安SIM比較紹介所
気になったモバイル関係のガジェットや格安スマホ、格安SIMを初心者でも解るように紹介
・初心者でも解るMVNO　スマートフォン関連　MVNO各社　格安SIM速度計測　タブレット　お買い得情報　UQモバイル支部　Chromebook（別サイト）
モバイルガジェット 東京03　格安SIM 速度比較実施によるおすすめランキング
2015/8/29　2016/2/29
MVNOって何？格安SIMって本当に使えるの？という方へ
おすすめの格安SIMを知って欲しい
でも実際に格安SIMっていろいろあってどれを選んで良いのか解らない・・・そんな方も多いと思います。ここで実際に11社の格安SIMを使っている管理人が実際に使った経験からおすすめの格安SIMを知って欲しいということでこのブログは作っています。毎月都内や首都圏で数回実際に格安SIMの速度を計測してこれならおすすめ出来る！という格安SIMを紹介しておすすめしています。
上記は実際に計測している様子です。何台もスマホを購入し11社も格安SIMを契約して速度を計測しています。なお、今はもっと台数が増えています。あくまでも趣味の延長線上なので自費で行っており、お小遣いが無い・・・と毎月嘆いている状態ですが、どうにか行っています。
最新格安SIM速度計測結果
2016年2月版・格安SIM（MVNO）及びMNO大手17社20プランの通信速度比較のまとめ
格安SIM（MVNO）及びMNO大手17社20プランの通信速度比較！2016年1月27日 東京・赤坂 編
格安SIM（MVNO）及びMNO大手17社20プランの通信速度比較！2016年1月25日 東京・渋谷 編
1月1日0時の格安SIM・MVNOの通信速度は？「あけおめ！」メールはもう古い？静岡県伊東市編
格安SIM（MVNO）及びMNO大手16社20プランの通信速度比較！2015年12月28日 東京・上野 編
カテゴリー
初心者でも解るMVNO

読者が記事を探しやすいようにする

「わかりにくいサイト」にならないために、サイトを整理する方法を説明します。

何を書いていくかカテゴリーを決める

　前述のとおり、ある程度記事を書いたら、ジャンルを絞っていくと収益が上がりやすくなります。そのとき、どんなコンテンツを書いていくか、大枠を決めておきましょう。まずはどんなカテゴリーを設定するかということを考えてください。

　何度か紹介している筆者のサイト「いい湯だね！」をここでも例にします。このブログはほとんど趣味で行っているので収益性はあまり高くないのですが（それでも月に数万円はありますが）、カテゴリーに関しては最初、かなり考えて作りました。温泉を紹介していく場合に、どのように分類をしたらよいのかを考え、地域別の大きなカテゴリーを作り、さらに都道府県で分けました。ほかにも、温泉のPhやお湯の色でも区別していこうと考えました。

　記事を書いていくうえで、カテゴリーの構成を最初に決めておかないと、あとで収拾がつかなくなります。書いたあとに該当するカテゴリーがないからと、新しく作ってしまい、カテゴリーだけが増殖していくというブログを見たことが（経験したことも）あります。また、カテゴリーを決めることで、記事にテーマを持たせやすくなります。

　ブログサービスを使うにしても、後述のWordPressを使うにしても、記事のカテゴリーは必ずあります。よく考えて決めてください。

カテゴリーの決め方

　ではどうやってカテゴリーを決めればよいでしょうか。まずは、どんなカテゴリーがあればユーザーにとって便利かを考えましょう。仮に、毎日の夕食を紹介して、調理器具や食材を紹介するアフィリエイトブログを始めるとします。さあ、どんなカテゴリーが必要でしょうか？　まず食材別や、調理にかかる時間別にすることが考えられます。季節や調理器具で分けてもよいかもしれません。

カテゴリーのイメージ

トップページがあって、それぞれの大きなカテゴリーがあり、そこからさらに枝分かれしていくようにイメージしてください（図6）。ただし、階層はどんなに多くても4階層までにしてください。一部のブログサービスでは階層を設定できない場合もありますが、なるべく見やすいように並べてください。

階層を制限すべき一番の理由は、ユーザーが探しづらくなるからです。訪れた人が見やすく、求めているものを探しやすいような分類を心がけてください。

また、1つのレシピで2つや3つのカテゴリーにまたがることもあると思いますが、それならそれで構いません。大切なのは、そこにたどり着きやすいことです。

Column　カテゴリー名で惹きつける

カテゴリーを作る際に、カテゴリー名も工夫してみてください。図6では「調理時間から探す」という子カテゴリーに「5分で作れる簡単レシピ」と書きましたが、これが「5分で作る料理」だったら、「5分で作れる簡単レシピ」とどちらを読みたいと思いますか？ 記事のタイトルと同じように、カテゴリー名も興味をひくものをつけるよう心がけましょう。

図6

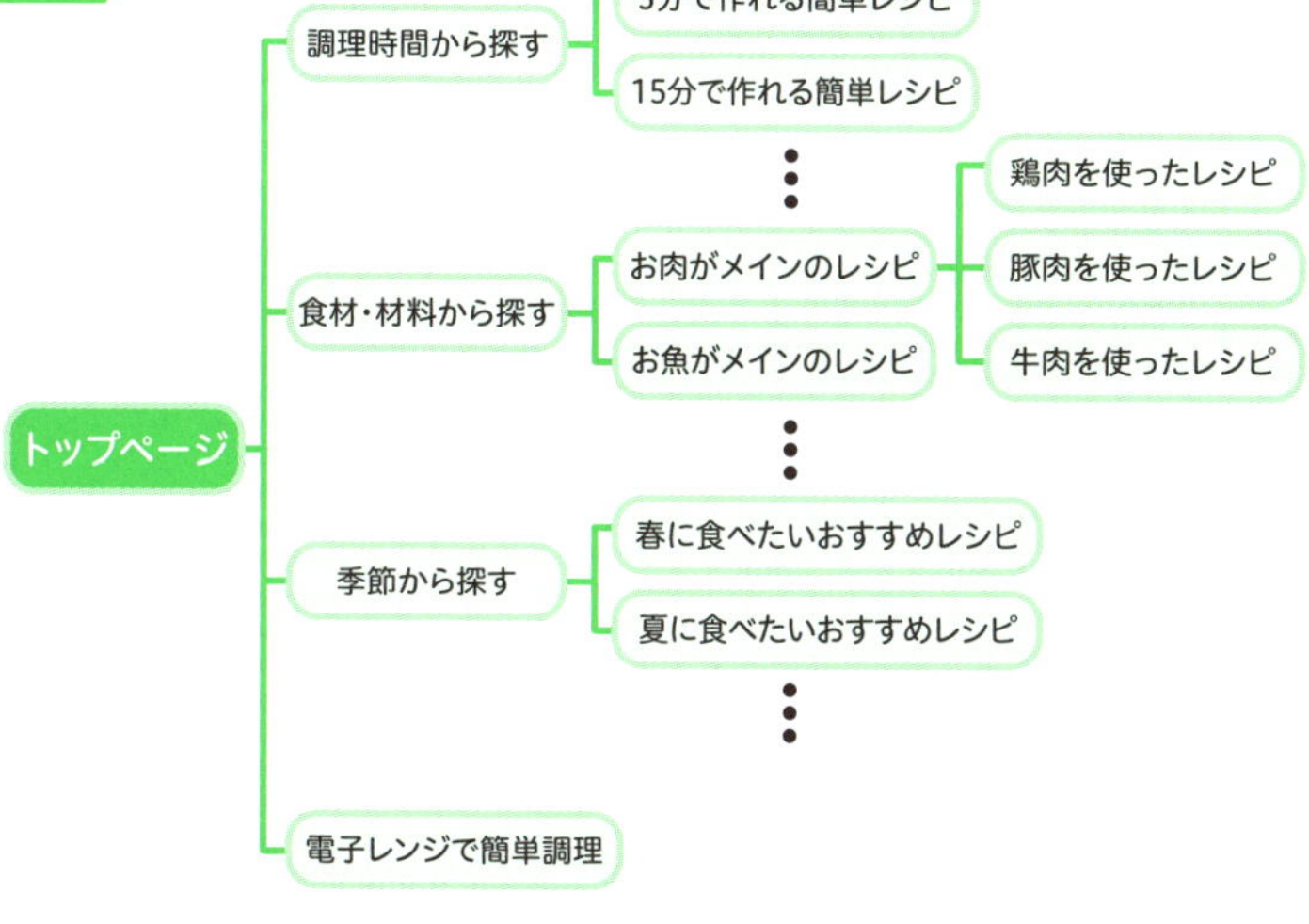

トップページ
調理時間から探す
5分で作れる簡単レシピ
15分で作れる簡単レシピ
食材・材料から探す
お肉がメインのレシピ
鶏肉を使ったレシピ
豚肉を使ったレシピ
牛肉を使ったレシピ
お魚がメインのレシピ
季節から探す
春に食べたいおすすめレシピ
夏に食べたいおすすめレシピ
電子レンジで簡単調理

Webページの構成を考えよう

いろんなサイトをよく見ると、どれも同じようなつくりになっているよ。ここで基本をおぼえよう。

トップページで何を見せるか

ブログサービスによっては、トップページに掲載するコンテンツを自由に設定することができます（自分でサイトを作成すれば、完全に自由です）。最初は記事の一覧でも構いませんが、ゆくゆくはトップページで何を見せるかも考えていきましょう。

多くの場合は検索にヒットした記事を見てくれる人が多いのですが、その記事が気に入った人は、トップページを見てくれることが多くなります。そのときに、記事の一覧ではなく、見て欲しい記事や、訴求したいことを書いておくことで、多くの記事を読んでもらえるようになり、購入に結びつきます。

共通表示されるコンテンツを決める

図7を見てください。ブログも含む一般的なサイトは、このようなつくりになっています。この中で、メインコンテンツ以外は、基本的にページを移動しても同じものが表示されます。

グローバルメニューはカテゴリーを載せていることが多いのですが、本当にカテゴリーでよいのか、それとも一番見て欲しい記事を置くのかなど、検討してください。サイドバーでは、カテゴリーや最新記事、人気記事などを掲載することが多いですが、上からの順番もきちんと考えて設置すべきです。あとで説明するアクセス解析を使って、テストしながら配置を決めていくのがベストですが、早い段階でコンテンツの配置を考えてみることが重要です。ここでも、ブログやサイトに来てくれた人のことを考えて決めましょう。

運営者情報や運営ポリシーを書いておこう

ＡＳＰによっては、運営ポリシーの掲載を必須としているところがあります。運営ポリシーとは、特定のＡＳＰを利用してアフィリエイトを行っていることを宣言するものです。これがないために規約違反とされる場合があります。たとえばAmazonアソシエイトでは義務化されています。

中にはアフィリエイトサイトが販売していると勘違いしてクレームをつけてくる人もいるので、販売者責任はリンク先の企業にあることを書いておいたほうが安全です。筆者の場合は、フッターにプライバシーポリシーなどの宣言を書いたものをリンクさせています（図8）。

また、運営者情報にメールアドレスやお問い合わせフォームを設置しておくこともおすすめします。理由は、たまに広告主から「新商品のサンプルを送るので記事を書いてください」といった依頼が来る場合があるからです。場合によっては、費用をもらえることもあります。

図7

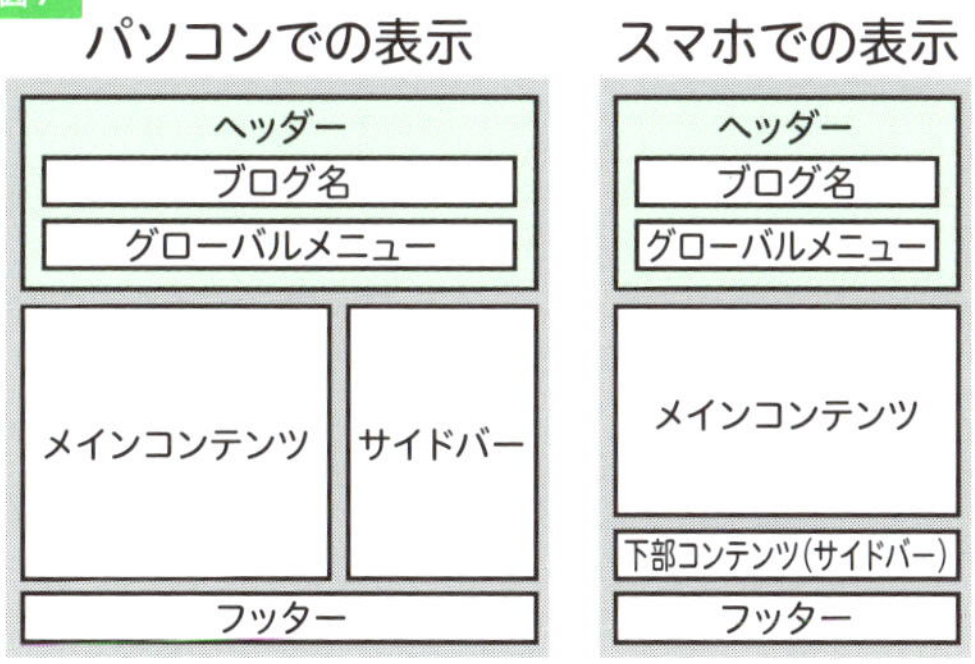
パソコンでの表示
ヘッダー
ブログ名
グローバルメニュー
メインコンテンツ
サイドバー
フッター
スマホでの表示
ヘッダー
ブログ名
グローバルメニュー
メインコンテンツ
下部コンテンツ(サイドバー)
フッター

図8

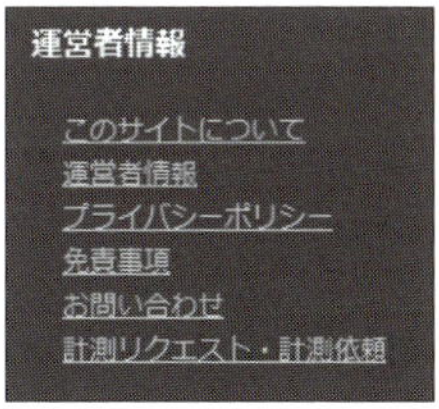
運営者情報
このサイトについて
運営者情報
プライバシーポリシー
免責事項
お問い合わせ
計測リクエスト・計測依頼

Column 金品をもらって書く記事はアフィリエイトではない

広告主からサンプルや金銭と引き換えに依頼されることがあると書きましたが、ここで注意しないといけないのは、金品をもらって記事を書く場合は、アフィリエイトではないということです。PR記事としてタイトルで告知しないと、ステルスマーケティング(ステマ)となり、違法行為になる可能性もあるので注意してください(景品表示法等の違反)。

商品のみの場合は、モニターとして受け取ったということを書いておいたほうがよいでしょう。企業と自分がどういう関係なのか明確にすれば、ステマにはなりません。このあたりの注意点は、第4章で詳しく説明します。

自分でブログやサイトを作るには

たくさん稼ぎたい人や、こだわり派は、自分でサイトを作っちゃおう!

WordPressが便利!

WordPressというしくみを使って、アフィリエイトサイトを作る人が最近増えています。WordPressについて説明をすると、それだけで本が書けてしまうほどですが、簡単にブログやサイトを作ることができるプログラムだと考えてください。

WordPressを使う場合、一般的には自分でドメイン(独自ドメイン)を取得して、レンタルサーバーというブログやサイトをネット上に公開するための場所を借りることになります。そのため、費用が年間で1万円くらいかかってきますが、本格的にアフィリエイトを行うのであればWordPressをおすすめします。有料版のブログサービスとそれほど費用は変わりませんが、自分の好きなようにいろいろな仕掛けができます。なお、月に5万円くらいの収入を目標とするのであれば、ブログサービスでも稼ぐことは十分可能です。

まったく知識がない状態のままWordPressを使うのは少しハードルが高いのですが、初心者用のガイド本も販売されているので、がんばってみるのもいいでしょう。私自身も最初はチンプンカンプンでしたが、1冊の本で勉強して、アフィリエイトサイトを作れるようになりました。

ドメインとレンタルサーバーの入手先

現在は、「お名前.com」というサイトでドメインを取得し、「エックスサーバー」というレンタルサーバーを使って、サイトをWordPressで作成しています。独自ドメインは最初に約1000円、その後は毎年1500円程度の更新費用がかかります。エックスサーバーは一番安いプランで初期手数料3000円(税別)、年間契約なら1万2000円(税別)です(2016年3月現在)。

お名前.com
URL http://www.onamae.com/

エックスサーバー

URL http://www.xserver.ne.jp/

ホームページ作成ソフトを使う

ホームページ作成ソフトを利用している人も大勢います。有名なものには「ホームページビルダー」があります。この場合も、基本的には独自ドメインを取得して、レンタルサーバーを借りるのが一般的です。

しっかり稼ぐには勉強も大事!

Column 独自ドメインは本当に有利？

独自ドメインという言葉を使いましたが、「それって何？」と思う人もいるでしょう。よくあるサイトのＵＲＬ「http://」のあとに続く文字列をドメインといいます。ドメインは２つもしくは３つの要素で成り立っています。

図9のように、「サブドメイン」「ドメイン」「トップレベルドメイン」という構成になっています。独自ドメインを取得するということは、自分用のドメインとトップレベルドメインを得ることを意味します。

さて、このドメインをどうするとよいか、ということがよく論じられます。第6章で詳しく説明しますが、検索されたときに独自ドメインを使うほうが有利であるとか、ブログサービスのドメインを使うほうが有利であるとか、諸説あります。非常に難しい問題なのですが、長い目で見れば独自ドメインを使うべきです。ただし、短期的にはブログサービスのドメインを使うほうがよいとも言われています。なお、ブログサービスでも独自ドメインを使えるところがあるので、先のことを考えるなら取得して損はないでしょう。

図9

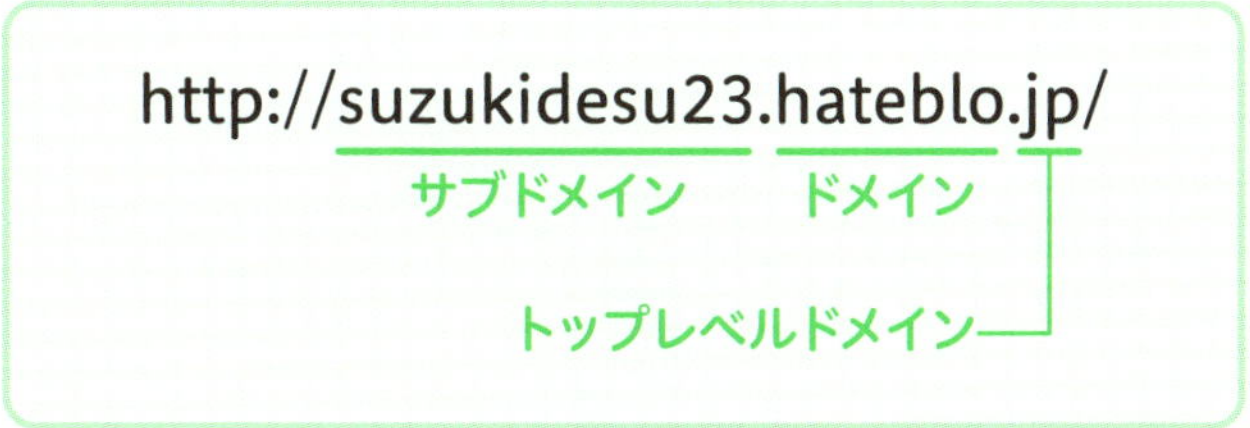
http://suzukidesu23.hateblo.jp/
サブドメイン
ドメイン
トップレベルドメイン

ライバルの少ないニッチなテーマで稼ぐ

マイナーだけれど需要のあるテーマを見つけると、効率的に稼げるようになるよ!

ニッチなテーマとは？

ニッチなテーマと言われても、イマイチわかりにくいかもしれません。ここでは、厳密には「ニッチ市場」という意味で使っています。ニッチ市場とは、需要や客層のボリュームが少ない市場です。「スキマ産業」といわれることもあります。本来、アフィリエイトは需要や客層の大きい市場のほうが儲けられる傾向にあります。しかし、ニッチな市場でもやり方によっては効率よく稼ぐことができます。最大の理由は、ライバルが少ないからです。

ニッチな市場を見つける

ニッチな市場を見つけるポイントの1つが経験・体験談です。1章で触れた私の病気の話などがまさにそうです。10本程度の記事しかないブログですが、毎月5000円くらいの収益が発生するようになりました。もう少し関連した記事を書けば、おそらく月に2～3万円くらいの収益になると考えています。もともと需要が少ないので大きくは稼げないのですが、一定の需要があるのにライバルがほとんどいないので、キーワードを独占している状態です。

こういうニッチなテーマを見つけて5つくらいサイトを作ることができれば、月に10万円くらいはわりと簡単に稼げます。

でも、そんなテーマはなかなかないのが正直なところ。思いついたらすぐに検索をしてみるクセをつけることで、いつかニッチな市場を発見することができます。検索しても情報がほとんどなければ、ぜひチャレンジしてみてください。

ニッチなテーマに合う商品はあるの？

ニッチなテーマを見つけても、「販売する商品がないのでは」と思うかもしれませんが、そこは発想を変えてください。たとえばダイエットという視点でアフィリエイトをしようとした場合、何を売りますか？　サプリメントですか？　トレーニングジムですか？　特保のお茶ですか？　もしこれくらいしか思いつかないのであれば、少し頭が固いかもしれません。私ならお弁当を売ります。実際に利益も出ています。疑問に思うかもしれませんが、カロリー制限をした冷凍食品のお弁当が販売されているので、それをダイエットに絡めています。

このように、世の中には驚くほどいろんな商品やサービスがあります。日々の情報収集が不可欠ですが、利益を出しているアフィリエイターは情報収集に余念がありません。そして、その情報が自分の得意なジャンルのアフィリエイトに結びつけられないか考えています（図10）。

図10

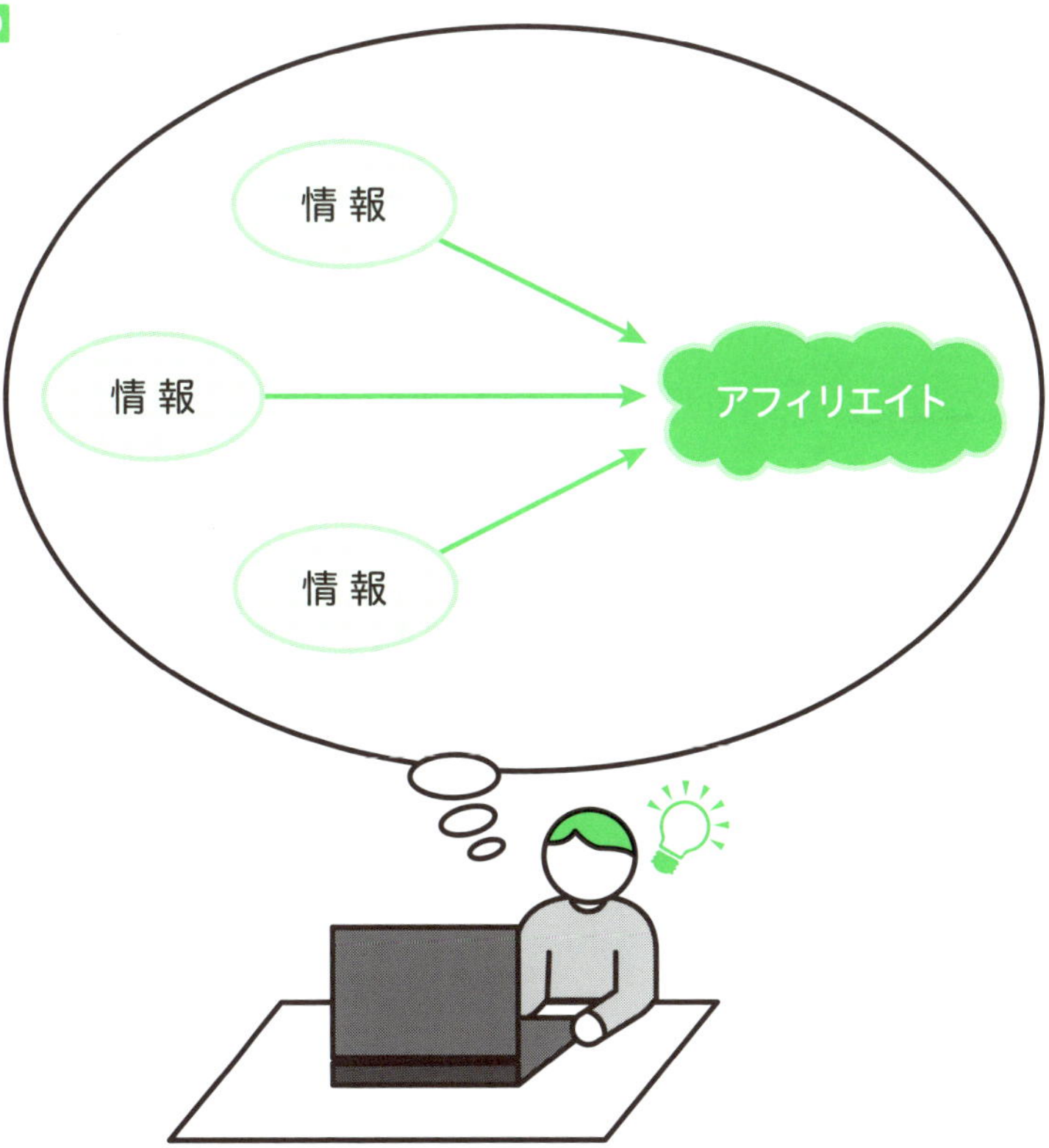

ASPの審査について

ASPの審査に通るポイントは、広告主のメリットを考えること!

ASPの審査に落ちないために

アフィリエイトサイトを作ったら、あとはASPに登録して、自分の好きなプログラム（広告）を選びます。ASPの登録方法はそれぞれ異なるので、各ASPサイトを見てください。登録や広告を選ぶのは簡単なので、すぐできると思います。

さて、1章でASPに申し込むと審査があると書きましたが、ここでは、審査に落ちないために注意すべきことを解説します。

一番落ちる可能性が高い要因としては、「記事数が少ない」であると、あるASPの担当者から聞いたことがあります。ブログなら最低でも10本は記事を書いてから申し込んでください。ほかにも、よくいわれる原因は次のようなものがあります。

- 政治的な批判をしている
- ネガティブなことばかり書いている
- 特定の団体に対して批判を多く書いている
- 情報商材と呼ばれるものを販売している
- 反社会的なことを書いている

いいことばかり書くこともありませんが、自分のサイトは広告主に有益であるかを考えてください。

広告主の審査

ASPの審査に通ったあとは、広告を掲載するために提携する企業やお店に申請を行います。申請といってもボタンを1回押すだけです。申請を受けた企業は、自社の広告を設置しても問題ないかサイトを見て判断します。

筆者は過去に、クレジットカードの広告を掲載しようと作ったサイトで過払い金請求のことを書いたら落ちたことがあります。当然クレジットカード会社にしてみれば過払い金請求なんてしてもらいたくないわけです。直接広告を貼る記事以外のものでも、内容には注意しましょう。

Chapter 3
読者を増やそう!

- 月5万円を稼ぐようになるまで
- ASP主催のセミナーやイベントに参加してみよう
- SNSを活用しよう
- 競合サイトを想定しよう
- データ分析をしよう!
- アクセス解析ツールを使おう
- アクセス解析の基本用語集
- Google Analyticsでサイトを分析してみよう
- Google Analytics以外のデータも使おう
- アクセス解析では得られないデータも大切

月5万円を稼ぐようになるまで

大切なのは、続けることと、
欲を出しすぎないこと!

第一の目標：3カ月で記事100本を目指そう

最初に目指す記事の量として、3カ月で100本、1本あたり1000文字以上にチャレンジしてください。1日1つ書き、時間のある日に2つ書けば、月に40くらいの記事になります。毎日が無理なら、休みの日にまとめて5つ書くように心がけてください。筆者の場合、多い日は1日で10以上、合計で15000文字くらい書いています。働きながら、もしくは家事の合間にそこまでは無理でしょうが、1日1～2時間なら取れる人は多いと思います。まずはできるだけ毎日書いて、3カ月で100記事を目指しましょう。これを達成したころには、月1万円くらいの報酬を得ていると思います。

いろいろな事情で、3カ月での達成は難しいかもしれません。それでも、100記事まではがんばって書いてください。100個のテーマで文章を書くということ、タイトルを100回考えるということは、とても大きな経験です。

また、読む人がいるということを必ず意識しながら書いてください。前述のとおり、ペルソナに向けて書くことが大切です。

儲けることを意識しすぎると失敗する

ネットの世界には「嫌儲」という言葉がありますが、儲けることを快く思わない人は多いです。稼ぐことを意識し過ぎると避けられてしまい、逆に儲けられません。売りたいばかりに、商品やサービスを褒めることばかり書いてしまいがちです。売ろうと思うのではなく、あくまでも「いいものだから人にすすめたい」という気持ちで書くよう心がけてください。

また、収益に直接関係ないことも書く必要があります。たとえばクレジットカードのアフィリエイトでは、紹介する記事ばかりではなく、決済などのしくみを紹介するのもよいかもしれません。商品に関連する役立つ記事や雑学なども書くことで、ブログのファンが増えていきます。

2カ月目を乗り切る

何度も書いたとおり、始めたばかりのころは全然儲かりません。しかし、1カ月目は気合が入っているので、乗り切れる人が多いと思います。問題は2カ月目です。なかなか報酬が発生しないために、徐々に心が折れていきます。しかし、2カ月目を乗り切ると、今度は「せっかくここまで書いたのだからもう少しがんばろう」と思えてくるので、どうにか3カ月続けることができます。

最初の正念場は2カ月目です。乗り越えるための方法の一つは、ブログでの交流を楽しむことです。いくら将来的に稼げるといっても、結局、楽しくないことは続きません。積極的にブログ仲間と交流することで、刺激も受けます。

行き詰ったら、アフィリエイトとは関係ない、自分が好きなこと書いてみるのもコツです。書くこと、続けることに対して、気負いすぎないことが大事です。

Column 始めた月は314円だった思い出

私が本格的にアフィリエイトを始めたのは、2014年の1月24日です。正確にはもっと以前から友人と交流するためにブログを書いていたのですが、不特定多数の人に向けて書き始めたのがこの日でした。

Google AdSenseも同時に開始して、最初の1カ月間で得た収入は314円でした。もっとも、記事はたったの15本でしたが。最初に書いた文章は、あとで読み返すと本当に耐えられないもので、あまりの恥ずかしさに書き直しました。その後は複数のブログを立ち上げて、収益化を行っていきました。3カ月目で月収1万円を達成して、4カ月目では2万円、5カ月目では4万円近くになり、半年で5万円を達成することができました。

その間に、いろいろ迷走もしましたし、失敗は数知れず。しかし、多くの失敗をしたからこそ、いま成功しているといえます。本書では、私が最初の半年間に行ったことや、失敗した事例をなるべくたくさん紹介しています。参考にして、失敗を避けながら月5万円の収入を達成してくださいね。

日々勉強

アフィリエイトで5万円を稼ぐためには、やはり勉強をしないと難しいといえます。本章や第5章で説明するアクセス解析やSEOに関しては、できればそれぞれ1冊ずつ本を読んで学ぶことをおすすめします。月に2～3万円なら、がんばりと継続だけで達成できることが多いです。しかし、確実に月5万円を稼ぎ続けるということであれば、裏打ちされた知識が必要になります。

また、本だけではなく、儲かっていると思われるアフィリエイトサイトを、何が自分とは違うのか考えながら、よく読むようにしてください。

半年間はがんばる！

3カ月続ければある程度稼げるようになると書きましたが、うまくいかない人もいると思います。でもいきなりやめずに、半年続けてから判断してください。続けるうちに月10万円を達成する人も出てくるかもしれません。いま稼いでいる人でも、成果が出たのは1年後という人もいます。アフィリエイトは続けることでしか成果は発生しないのです。

焦りは禁物！記事数が少ないうちは広告を控えめにしよう

初めて作るサイトやブログでは、広告を貼るのはいったん待つようにしましょう。

記事数が10程度になるとASPの審査に通るようになりますが、ついに待ちわびた広告が貼れるという思いから、貼りすぎてしまうのが初心者の特徴です。サイドバーに何個も貼ってしまう人が多いですが、まったく売れないでしょう。売れたとしても、偶然が重なったに過ぎません。

よく想像してみてください。検索してたどり着いたサイトが広告で埋まっている状態を。それで買う気になるでしょうか。検索をするということは、目当ての情報を求めている状態だといえます。言い換えれば、目的の情報以外はあまり興味がないということです。効果がないばかりか、記事が少ない段階で広告を貼りすぎると、検索流入が減る可能性があります（第5章で詳しく説明）。

そうならないためにも、最初のうちは広告を1つの記事に1つまでにとどめておきましょう。検索からの訪問者が毎日100人くらいに安定してきたら、様子を見ながら少しずつ広告を増やしていくようにしてください。

広告はテキストがよいかバナーがよいか

多くの広告主は、バナー広告とテキスト広告を出しています。バナー広告のほうがなんとなくクリックされそうな気がするので設置する人が多いのですが、筆者の経験上、テキスト広告のほうがクリックされやすいです。おそらく、バナー広告だと売る気が伝わりすぎてしまい、引いてしまう人が多いのではないかと考えています。一方テキスト広告の場合は、広告だと思わない人すらもいるかもしれません(図1は非広告のテキストリンクの例)。

実際に筆者はバナー広告を減らしてテキスト広告を増やしたところ、報酬が増えました。ただし、これもやはりサイトやブログ訪問者の属性によるものといえます。記事はよく読まれているのに報酬が増えないと悩んだときは、バナー広告とテキスト広告を入れ替えてみてください。

広告は目立たせればいいとは限りません。自然に設置するとクリックが増えるのではないかということは、常に考えるようにしましょう。

図1

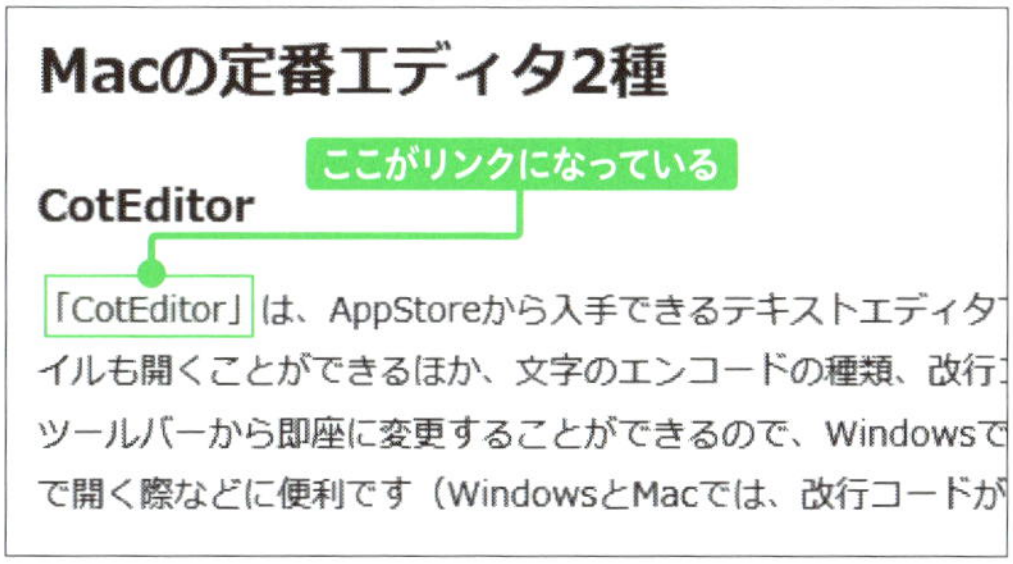
Macの定番エディタ2種
ここがリンクになっている
CotEditor
「CotEditor」は、AppStoreから入手できるテキストエディタ
イルも開くことができるほか、文字のエンコードの種類、改行
ツールバーから即座に変更することができるので、Windowsで
で開く際などに便利です（WindowsとMacでは、改行コードが

Column 広告のリンクの文章を自分で考えよう

広告主によっては、自分で考えた文章で広告を設置できます。A8.netであれば「商品リンク」、バリューコマースであれば「MyLink」という名称のサービスです。ありきたりの言葉ではなく、自分でよいキャッチコピーをつけられれば、クリック率が上がります。ただし広告主によっては、使ってはいけないキーワードを指定している場合もあるので、注意してください。不当にクリックを誘発する言葉(「今すぐクリックしないと申し込めません」など)を使うと、提携解除や、報酬が払われないことがあるので注意してください。

ASP主催のセミナーやイベントに参加してみよう

セミナーは勉強になるだけでなく、やる気も出ます!

多くのASPは、アフィリエイターのためのセミナーやイベントを開催しています。セミナーの場合は、ジャンルを絞った講義があったり、初心者向けに行ったりと、いろいろあります。各ASPに告知欄があるので、こまめにチェックして、自分に合ったセミナーがあれば、ぜひ参加してみましょう。特に2〜3カ月目に差しかかったときにセミナーに出ると、やる気が加速するのでおすすめです。

筆者も、初心に戻りたいときや気になる広告主が主催している際は、いまでも積極的に参加しています。やる気が出るだけでなく、さまざまなヒントも得られます。一般のアフィリエイターには公開していない広告主を紹介してもらえることや、特別に報酬を上げてくれることもあります。

図2は、以前参加したリンクシェアのイベントの風景です。広告主が集まってブースを作っていて、商品の説明を受けたり、写真を撮ったり、記事を書くポイントを聞いたりできます。商品の紹介に使う写真に困っている場合はかなり役立ちます。また、試食もできたりするので、いろいろな意味でおいしいです。

図2

Column セミナーやイベントに参加するときの注意点

とあるASPのイベントに参加したときの話です。会場の片隅で荷物の整理をしていたら、30歳くらいの男性に声をかけられました。

男性「実は、すごくお得な情報があります。いまは何ティアで行っていますか？」
私　「その手のアフィリエイトはしていませんので」
男性「実は5ティアできるものがあるのですが、興味があれば外で話しませんか？」
私　「興味ないので」
男性「そうですか、では」

このときは簡単に引き下がってくれました。「ティア」という言葉が出てきましたが、ティアとは、簡単に言えば「親」と「子」の関係になることです。ティア制度のASPには気をつけたほうがよいです。2ティアならありえますが、5ティアなんてネズミ講以外ありえません。

図3のように、AがBにASPを紹介します。BがASPに登録してBが稼いだ場合、報酬の何パーセントかをAに渡すことになります。つまり、Aは何もしてなくても、Bが稼いでくれれば報酬が手に入るわけです。

仮にAがもらえるのが報酬の5%だった場合、ASPに紹介した人が100人いて、100人がそれぞれ1万円の報酬を得たら、5万円をもらえることになります。これが2ティアになるわけですが、これくらいならよくある話です。しかし5ティアとなると、親がいて、子がいて、孫がいて、ひ孫がいて、玄孫がいることになりますが、ここまでくるともう信用できません。ただのネズミ講を目的としたASPでしょう。

3ティア以上の数字を出してくるASPには、手を出さないようにしてください。またセミナーやイベントでこういう話をされても信用せずに、「興味がない」と断るようにしてください。

図3

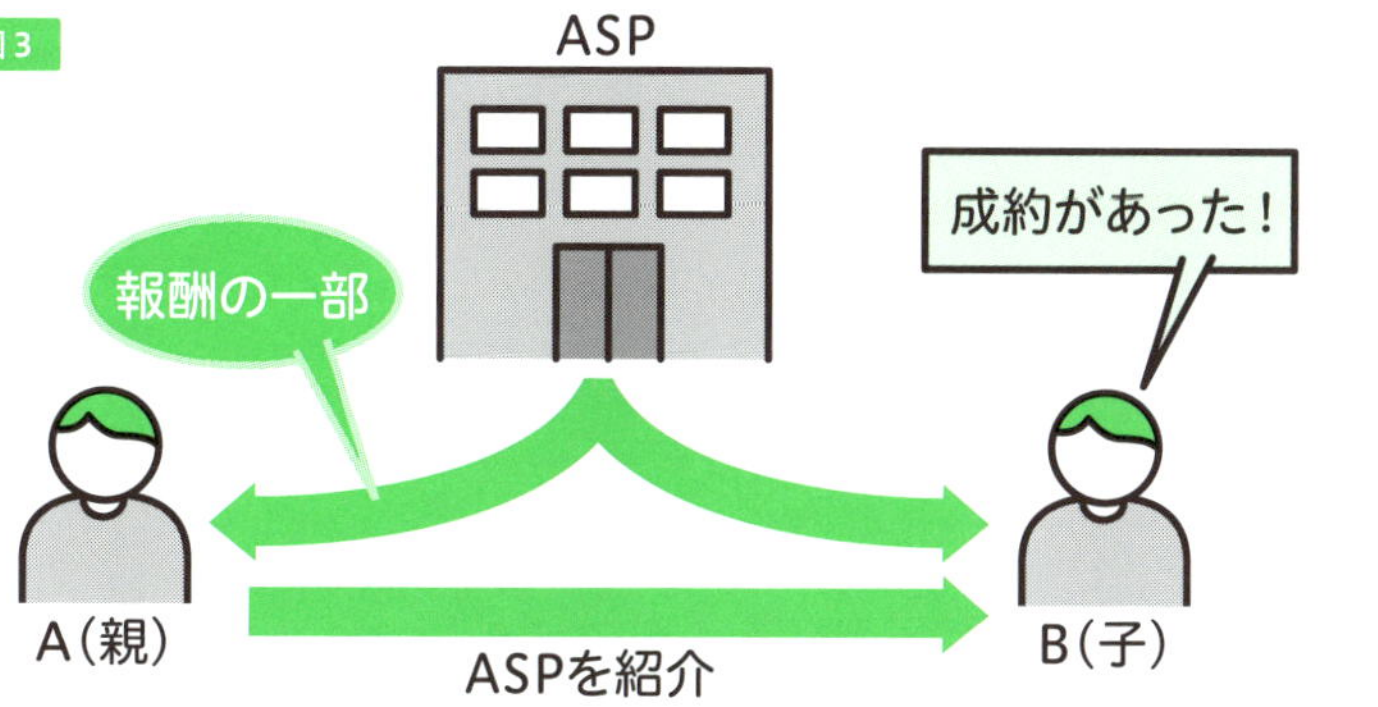

SNSを活用しよう

検索以外の方法でサイトに来てもらうために、SNSを使おう!

Twitterで流入経路を作る

ブログやサイトを作ったばかりのころは、検索からやってきてくれる人はほとんどいません。そのため、検索以外で訪問してくれる人を増やすことも大切です。その最も簡単な手段が、Twitterで更新情報をつぶやくことです。もちろんフォロワーが少なければ意味がないので、最初はフォロワーを増やすことにチャレンジしてください。ただし、数だけ増やせばよいということではなく、自分のツイートを見てくれるフォロワーでなければいけません。

　では、どうすればそのようなフォロワーを増やせるかと言うと、その人たちにとって有益な情報を、自分の意見を添えてつぶやくのです。たとえば、自分のアフィリエイトのテーマと同じジャンルのことを書いているブロガーを見つけて、その人が記事を更新したら、参考になった点を添えてツイートをしていれば、かなりの確率でフォローしてくれ、またツイートも見てもらえるようになります。これを1日10分か15分でもいいので繰り返していけば、徐々にフォロワーは増えていきます。

Facebookページを作ろう

Facebookは本名で登録するので、もともとの友人や知人、同僚などが友だちになるでしょう。そういう人に対して、「ブログの記事を書いたから見て」とタイムラインに書けるのであれば、積極的に告知してください。しかし、アフィリエイトの記事の告知をすると嫌われる恐れがある、副業がバレるとまずい、という場合は、Facebookページを利用しましょう。Facebookページでは、プライベートのアカウントとは別に、個人や企業、サークルなどの「公式アカウント」のようなものを作成できます。私のメインブログである「鈴木です。」をパソコンで見ると、下のほうにFacebookページへのリンクがあります（図4）。

　Facebookページでマメに更新情

報を知らせたり、ブログやサイトでは書けない情報を発信したりして、うまく活用している人も数多くいます。Facebookページは、Facebookのアカウントがあれば無料で作れます。

はてなブックマークを活用しよう

はてなブックマークは、オンラインで保存できるブックマークサービスです。コメントも100文字以内で添えることができます。

たくさんの人にはてなブックマークをつけてもらうとサイト内の人気記事として掲載され、多くの人が見に来てくれるようになります。ただし、誰かにお願いしてブックマークをつけてもらうことは禁止事項です。しかし、自分のブログを自分自身でブックマークすることは禁止されていません。また、Twitterのようにフォロー（お気に入り登録）という機能があります。フォローしてくれる人が増えれば、自分の書いた記事を自分でブックマークすることでフォローしてくれた人が記事を読んでくれる可能性が高まります。はてなブックマークもSNS同様、うまく使えばサイトへの流入経路となっていきます。

SNSもコツコツやろう!
¥

図4

Facebookページ　是非「いいね」して下さいm(__)m
鈴木です。はてな版
78 いいね！の数
いいね！済み
シェア
あなたと他友達2人が「いいね！」と言っています

ソーシャルボタンや共有ボタンは必ず設置しよう

SNSを自分で活用するのは難しいという人でも、ブログやサイトの記事の下に、ソーシャルボタンや共有ボタンは必ず設置するようにしましょう（図5）。

記事を読んでくれて気に入ってくれた人がSNSで共有してくれれば、多くの人に伝わって、読者が増えていきます。Twitterやはてなブックマークは、自分でリツイートやブックマークをしても規約違反にはならないので、記事を書いたら自分でソーシャルボタンをクリックしておきましょう。ここが0になっているよりは、1や2という数字が入っているほうが、共有してくれる可能性が高くなります。

図5

Column スマートフォン対策はどこまで必要？

サイトやブログの内容によっては、8割以上がスマートフォンで見られている場合があります。かつてはほとんどパソコンでしたが、いまやスマートフォンやタブレットでサイトを見られるというのは常識です。

だからといって、特別な対策はあまり必要ありません。スマートフォン用とパソコン用で2つの記事を用意していた時代もありましたが、いまはあまり気にしなくてもよくなってきています。

なぜかというと、ブログサービスなどでは、自動で端末に合わせて見え方を調整してくれるようになったからです。本書でおすすめしている「はてなブログ」もそうです。WordPressも、テーマによっては自動で調整してくれるものもあります。

しかし、何も意識しなくていいわけではありません。たとえば自宅の光回線で見る場合と、外出時にスマートフォンで見る場合では、通信速度が異なります。文章だけなら問題ないですが、写真を使う場合は写真のデータサイズを意識しなければいけません。写真はデータサイズが大きいので、なかなか読み込まれないことがあります。筆者の場合、写真は1枚100KB以内にすることを心がけています。10枚以上の写真を使う場合は、1枚50KB以内にしています。自動で写真のデータサイズを小さくしてくれる無料のアプリもあるので、うまく使ってください。

ほかにも、表は自動で調整されない場合が多いので、注意が必要です。

ユーザーを増やすために使える代表的なSNS

Twitter
https://twitter.com/?lang=ja

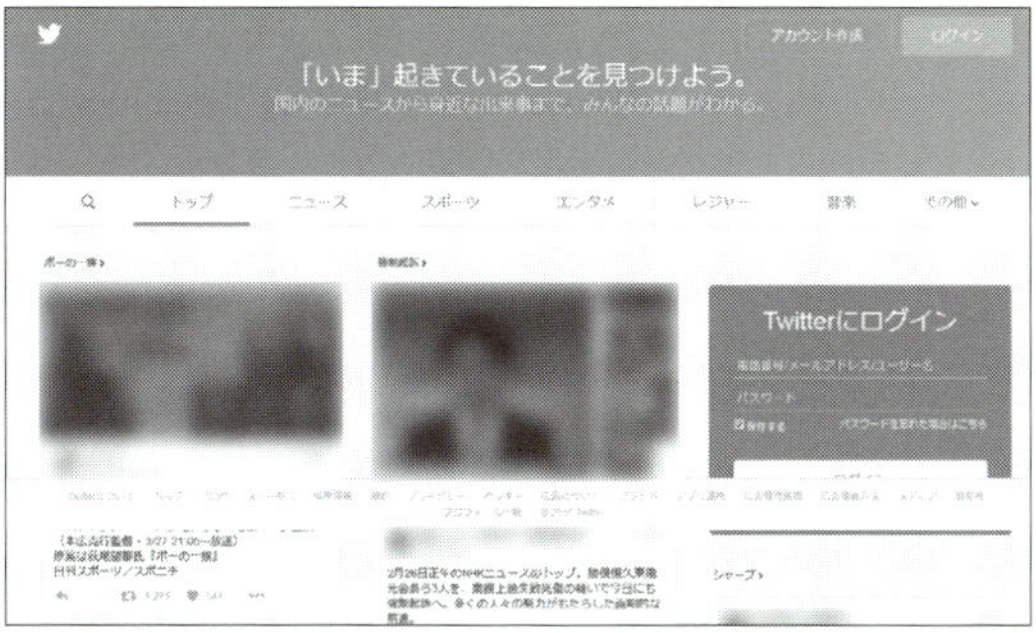

ポイント

➡アフィリエイトサイト専用のアカウントを作成する

➡最初のうちはフォロワーを増やすことに注力

➡毎日少しずつでも、繰り返し投稿することが大切

Facebook
URL https://ja-jp.facebook.com/

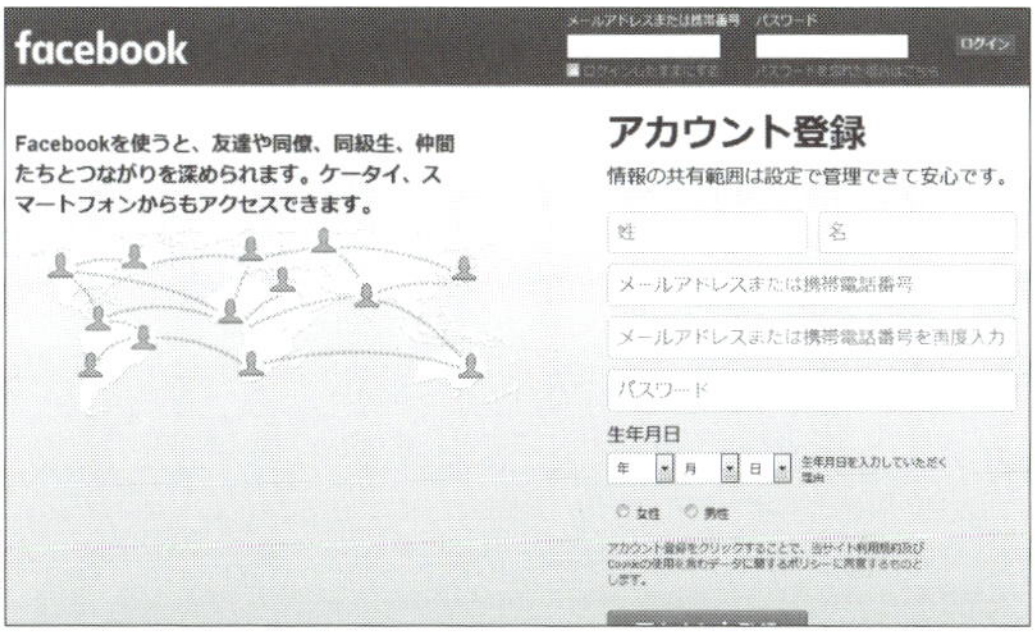

ポイント

➡自分のアカウントで告知できる人は積極的に

➡アフィリエイトサイト専用のFacebookページを作成する

➡Facebookページでは、ブログやサイトに掲載していない情報などで集客する

はてなブックマーク
URL http://b.hatena.ne.jp/

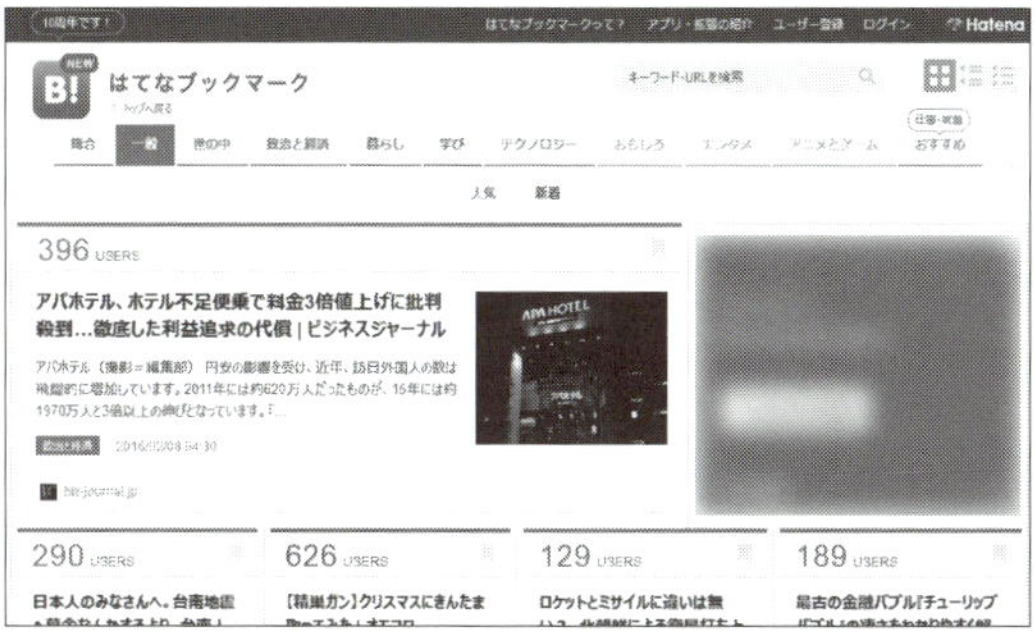

ポイント

➡バズの起爆剤になりやすい

➡自分の記事にはてなブックマークをつけるだけでも被リンクになる

➡Twitterと連携させると手間が省ける

競合サイトを想定しよう

どんな世界にも競合はいるもの。しっかり対策しよう。

ライバルとなるサイトを探す

アフィリエイトをする人は年々増えており、当然ながらアフィリエイトサイトもかなり増えてきています。自分が作っているサイトよりも情報がしっかりとしたサイトがあれば、そちらに流れる人が多くなり、あまり儲からない状態になってしまいます。より多く稼ぐためには、テーマとしているもので検索順位が1位にならないと難しいでしょう。ライバルであるサイトを見つけて、負けない情報量にしていくことを心がけないといけません。

ライバルサイトの見つけ方は簡単です。テーマにしたキーワードで検索するだけです。ただし、大きすぎるテーマだと難しいので、ペルソナに沿ったキーワードも含めて検索してください。たとえば、婚活をテーマにしたアフィリエイトサイトを運営する場合、性別や年代を検索キーワードに含めましょう。40代女性を想定しているなら、「40代×女×婚活」や「アラフォー×女×婚活」で検索します。

いろいろなサイトが出てきますが、この中からアフィリエイトをしているサイトで一番順位の高いところを探してください。どれがアフィリエイトサイトかわからなくても、「これかな？」と思うサイトのリンクの上にマウスを置けば、下記のようなURLが表示されるので判断できます。

URL http://px.a8.net/（A8.net）

URL http://ck.jp.ap.valuecommerce.com/（バリューコマース）

URL https://track.affiliate-b.com/（アフィリエイトB）

URL http://click.j-a-net.jp/（JANet）

URL http://h.accesstrade.net/（アクセストレード）

中には転送リンクというものを使っている場合もあるので、ＡＳＰのリンクになっていないときもありますが、表示されたURLと、実際にたどり着いたサイトのURLが異なれば、アフィリエイトを行っていると判断して問題ないでしょう。

ライバルサイトを見つけたら

筆者の場合、ライバルサイトを見つけたら、図6の順番で分析しています。まずは徹底的に読みます。そして記事数を確認します。このとき、記事数で勝てないと思ったらあきらめることもありますが、なるべく勝てるところを探すようにします。そのために、ライバルサイトの記事の一覧を作成します。これは時間がかかりますが、大切なことなので行っています。さらには、記事のタイトル一覧からどんな検索キーワードを想定しているか確認して、キーワードの一覧を作ります。

図6

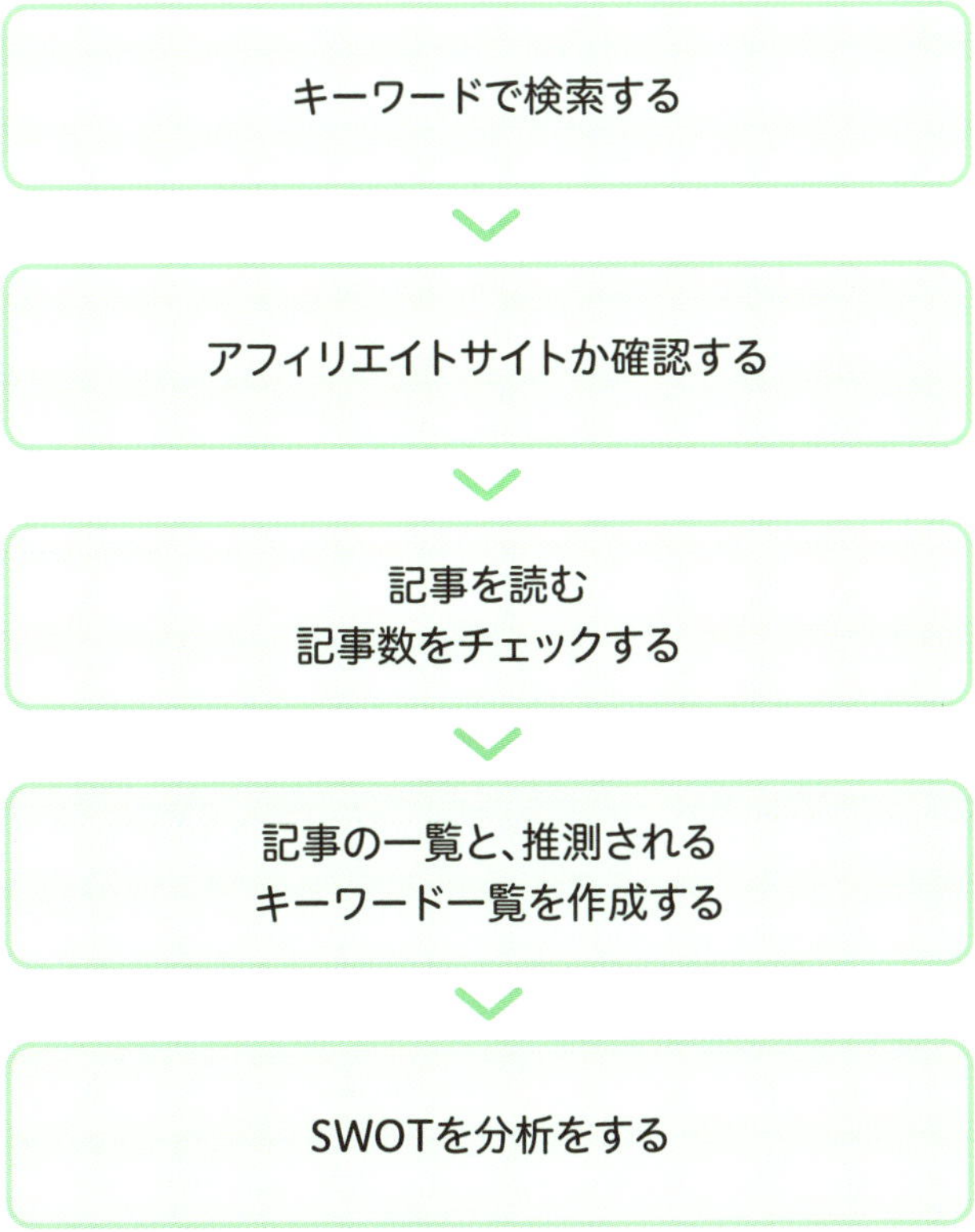

キーワードで検索する
アフィリエイトサイトか確認する
記事を読む
記事数をチェックする
記事の一覧と、推測される
キーワード一覧を作成する
SWOTを分析をする

SWOT分析をしよう

上記のようにライバルサイトをチェックしたら、キーワードや読んだ感想から「SWOT分析」を行いましょう。SWOT分析とは、Strength(強み)、Weakness(弱み)、Opportunity(機会)、Threat(脅威)の4つを分析することです。図7では、アフィリエイト用に筆者がアレンジしたSWOT分析の図を紹介します(本来の意味とは若干異なります)。

ここではライバルサイトと比べて強みになるであろうこと(勝てると思うこと)と、弱みになるであろうこと(勝てないと思うこと)を明確にして、さらに考えられる外的要因を想定していきます。

基本的には勝てると思うところを伸ばすことに注力したほうがいいでしょう。ちなみに「機会」とは、こういうことが発生したら追い風になると思うことで、「脅威」は逆に向かい風になることです。「機会」の中には、「差別化」も入ると考えてもよいでしょう。ライバルサイトと違う視点を持って差別化することで、機会を増やす取り組みを考えてみてください。脅威は「相手がこの先こんなことをしてきたらどうしよう」と考えてみて、その対策を考えてください。

本当にライバルサイトに勝とうと思うのであれば、ここまでしないと勝つことは難しいと思います。必ずしも同じことをしなくてもよいですが、本気で取り組む場合は、こういうことも必要だということを頭の片隅に入れておいてもらえればと思います。

ここで最も言いたいことは、とにかく「強みと弱みを明確にすること」「差別化を行うこと」、この2点です。

図7

内部環境	強み(Strength)	弱み(Weakness)
	ライバルサイトに勝てると思う点	ライバルサイトには勝てないと思う点
外部環境	機会(Opportunity)	脅威(Threat)
	今後発生しうる可能性	今後発生しうる危険性

Column アフィリエイトで得た収入に税金はかかるの？

アフィリエイトでも、収入によってはきちんと申告をして税金を払う必要があります。具体的には、以下のような人は税金を払わなければいけません。

- アフィリエイトとその他の所得が年間20万円超の給与所得者
- アフィリエイトとその他の所得が年間38万円超の人（専業主婦などで給与所得がない場合）

収入と所得の違いも知っておきましょう。所得とは、収入から経費を差し引いたものです。つまり、収入が25万円あっても経費が6万円なら、所得は19万円になります。この金額であれば、給与所得者は申告不要です。

この「経費」には注意が必要で、使用した費用を経費だと判断するのは自分ではありません。税務署が認めなければ、それは経費ではないのです。そのため、収入金額がちょうどボーダーラインにあるような人は、確定申告をするようにしましょう。

極端なことをいうと、アフィリエイトによる収入が1000万円で経費が990万円であった場合、所得は10万円でしかありません。しかし、1000万円もの金額が振り込まれているのに何も申告をしなければ、税務署は怪しいと判断します。口座にある程度の金額が振り込まれる人に対しては、税務署がチェックしていることを覚えておいてください。


ASPによっては、最初から源泉徴収で約10%を差し引いている場合があります。差し引かれているのなら、その分は当然、税金として払わなくても構いません。源泉徴収されているかわからない場合は各ASPに確認しますが、日本国内のほとんどのASPは源泉徴収をしていません。

また、アフィリエイトを始めたばかりの人は気にしなくても構いませんが、前々年度の売上高（収入）が1000万円を超えていたら、消費税も納税しないといけないことがあります。なお、消費税の対象にGoogle AdSenseは含まれません。もっとも、この辺りまで稼いでいる人は税理士に相談しているのが普通でしょう。

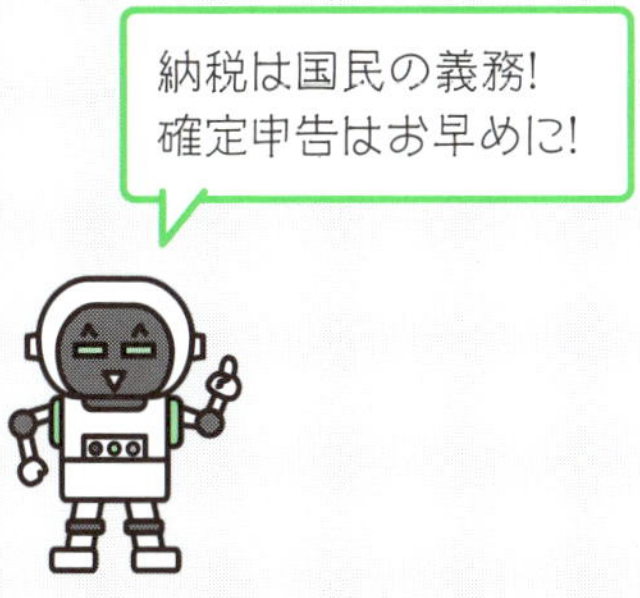
納税は国民の義務!
確定申告はお早めに!

データ分析をしよう！

月5万円稼ぐには、データ分析は必須。でも、難しいテクニックはありません。

ぶつかる壁

アフィリエイトでは、月1万円から3万円より上を目指そうとしたときにぶつかる壁があります。このあたりで報酬が増えにくくなりがちので、「これ以上、稼げる感じがしない……」と思ってしまうかもしれません。

この壁を超えていく方法はいくつかあります。1つは、とにかく書き続けること。アフィリエイトの王道はただ書き続けることだという人もいます。これはすごく正論なのですが、間違った方向で書き続けても報酬はなかなか上がっていきません。

別の方法は、客観的に自分の作ったサイトやブログを見ることです。そのためには、「アクセス解析ツール」と呼ばれるものを自分のサイトやブログに導入して、数値的な結果から改善点を考えていきます。

アクセス解析とは何か？

アクセス解析では、サイトやブログに来てくれた人がどこから来ているのか、どの記事を見ているのか、などを調べることで、訪問者の動きを可視化することができます。これによって、サイトの問題が見つかり、改善点がわかります。

アクセス解析を行うためには、ツールの設定が必要になります。設定といっても、ほとんどコピペするだけです。

アクセス解析でできること

アクセス解析ではさまざまなことがわかりますが、代表的なものを下記に挙げます。

・自分の作ったサイトやブログに何人が来ているのか
・どの記事を見ているのか
・どんな検索キーワードでたどり着いたのか
・どんな年代の人が多いか
・男女のどちらが多いか
・パソコンとスマホのどちらから見

ているのか

　ほかにもいろいろな情報を得られますが、大切なのはそれをもとにサイトを改善していくことです。改善しないのであれば、アクセス解析は必要ありません。

PDCAを回すことが大切

　改善していくうえで重要なのは、PDCAを回すことです。PDCAとは、PLAN（計画を立てる）、DO（実行する）、CHECK（評価する・確認する）、ACTION（改善する）の頭文字をとって名づけられたものです。このPDCAのサイクルをぐるぐると回していくことで、サイトを改善していきます（図8）。

　たとえば商品紹介をする記事を書く場合、ペルソナを設定して書くことが大切だと説明しました。誰に向けて書くのか、何歳くらいの人に対して書くのか、どんな仕事や環境の人に向けて書くのか。たとえばある商品を30歳前後の女性向けに紹介する記事を投稿したとします。その記事が想定した人に読まれているか、アクセス解析で確認します。想定どおりであれば安心すればよいですが、想定した人にあまり読まれていなかった場合は、なぜなのか考えて改善しましょう。改善策が「PLAN」で、それを「DO」として実行（記事の修正を行う）して……と繰り返していくことが、PDCAを回すということです。

　これを1つ1つの記事で行うには、膨大な時間が必要です。どの記事でPDCAを回すのがよいか判断する指標になるのもアクセス解析です。

図8

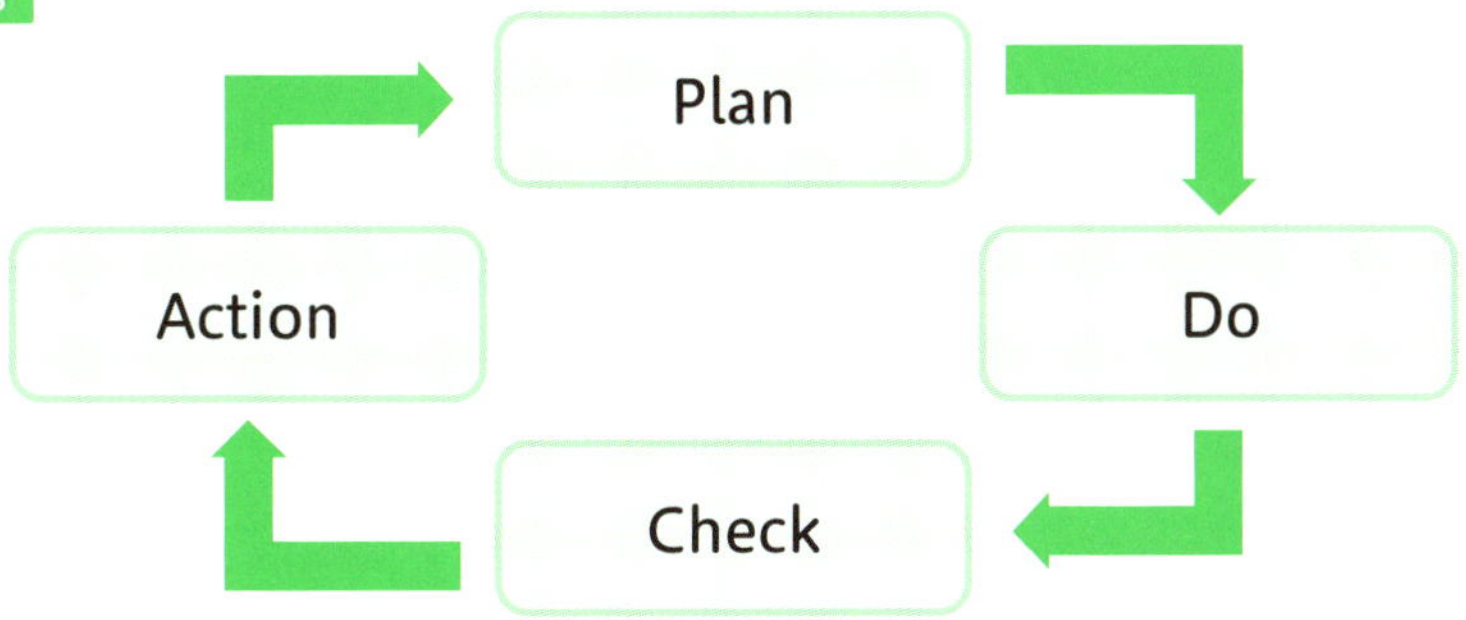

アクセス解析ツールを使おう

アクセス解析の定番ツール、Google Analyticsの登録方法を教えるよ!

アクセス解析ツールって？

アクセス解析ツールは、タダで使えるものから、月間数百万円の費用がかかるものまでさまざまです。しかし、お金がかかるツールをわざわざ使う必要はありません。無料で高性能なものがたくさんあるからです。その1つに、Googleが無料提供している「Google Analytics」があります。これは無料ながら高性能なアクセス解析ツールで、アフィリエイトサイトに限らず、かなりのサイトに導入されています。そのため解説書なども多くあり、初心者でもきちんと学ぶ環境が整っています。しかし、高性能すぎるという問題もあるので、使い始めのころは割り切って使うことも大切です。いきなり全部を覚えるには無理があり、それよりも記事を書くほうに時間を費やすことがアフィリエイトにとっては重要です。徐々に使いこなせるようになればいいと考えてください。

Google Analyticsを使ってみよう

では実際に、次ページからの手順にしたがってGoogle Analyticsを導入してみましょう。Google Analyticsを導入するためにはGoogleのアカウントが必要ですが、GmailやAndroidスマートフォン利用時に登録したアカウントをそのまま利用できます。以下では、Googleのアカウント登録後の手順を解説していますので、先に登録を済ませておいてください(Google Analyticsのサイトからも登録できます)。

やってみると難しくないよ! どんな人が読んでくれているのかな?

http://www.google.co.jp/intl/ja/analytics/

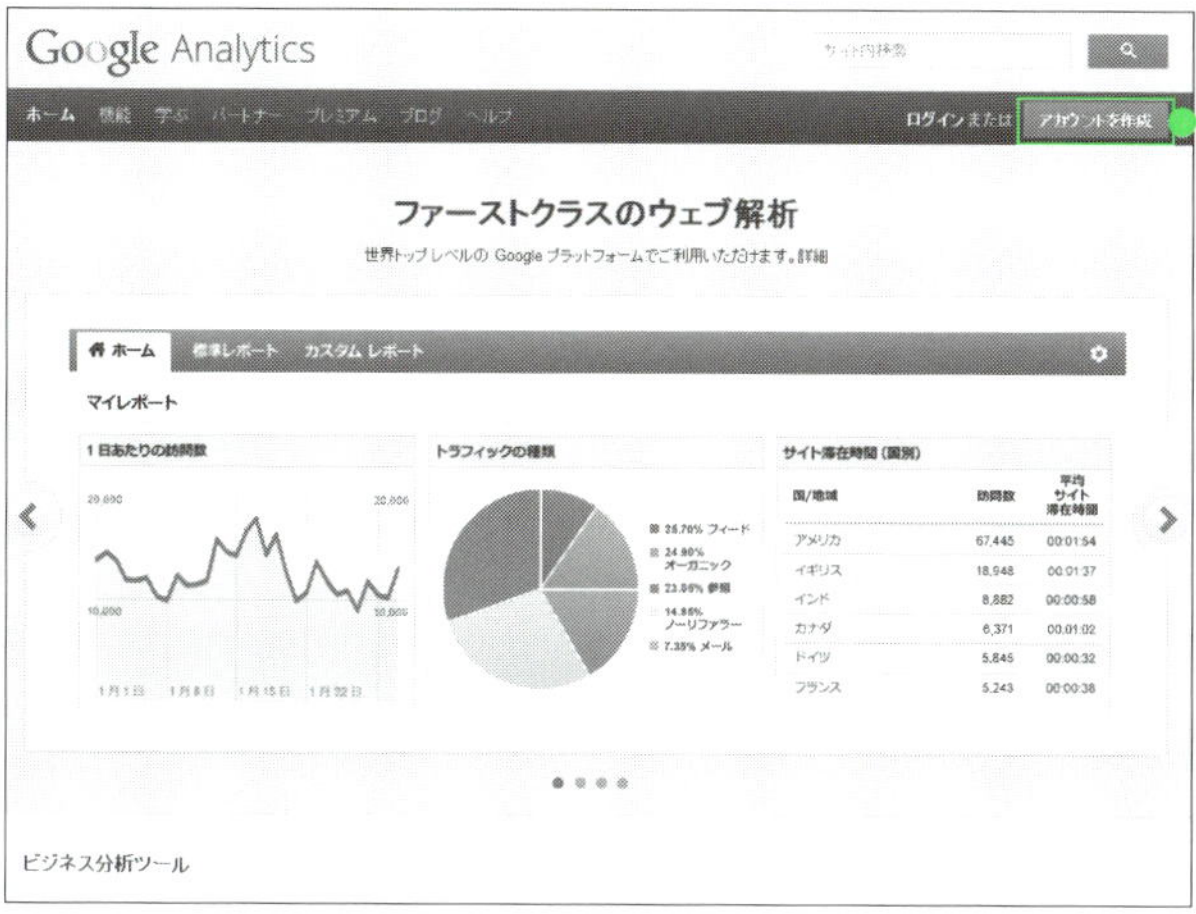

①Google Analytics にアクセス（「グーグルアナリティクス」で検索してもＯＫ）して、「アカウントを作成」をクリックします。

②パスワードを入力してログインしてください。Gmailのメールアドレスの入力が必要なこともあります。

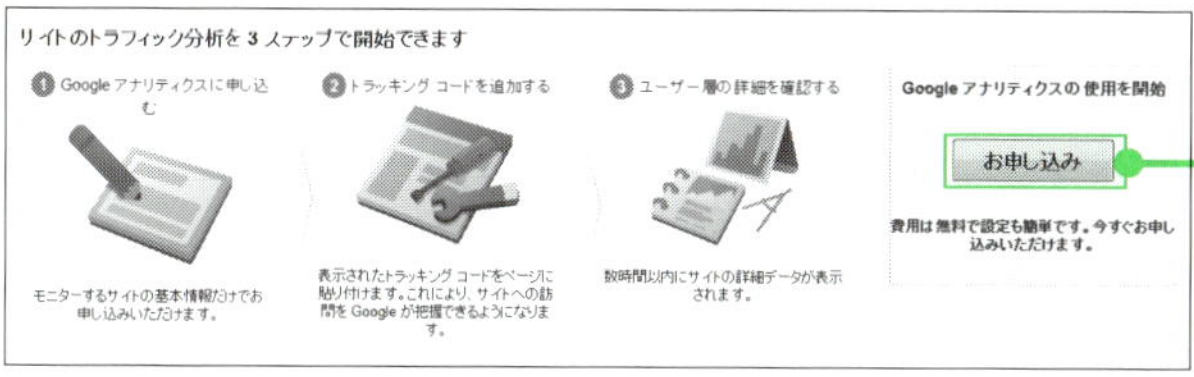

③「お申し込み」をクリックします。

新しいアカウント
トラッキングの対象
ウェブサイト
モバイル アプリ
トラッキングの方法
このプロパティはユニバーサル アナリティクスで使用します。[トラッキング ID を取得] をクリックして、ユニバーサル アナリティクスのトラッキング コード スニペットを実装し、設定を完了してください。
アカウントの設定
アカウント名 必須
アカウントは構成の最上位レベルであり、1 つ以上のトラッキング ID が含まれています。
新しいアカウント名
プロパティの設定
ウェブサイト名 必須
新しいウェブサイト
ウェブサイトの URL 必須
http://
例: http://www.mywebsite.com
業種
1 つ選択
レポートのタイムゾーン
アメリカ合衆国
(GMT-08:00) 太平洋時間

④アカウント名やサイト名を入力する画面になるので、それぞれ入力していきます。

・トラッキングの対象
「ウェブサイト」を選択

・アカウント名
Google Analytics で使用するアカウント名を入力

・ウェブサイト名
サイト名を入力。実際のサイト名と異なっていても構わない

・ウェブサイトのURL
URLを「http://」のあとから入力

・業種
サイトのテーマに沿った一番近いものを選択。どうしてもない場合は「その他」でもよい

・レポートのタイムゾーン
自分の住んでいる国を選択。「日本」は下のほうにある

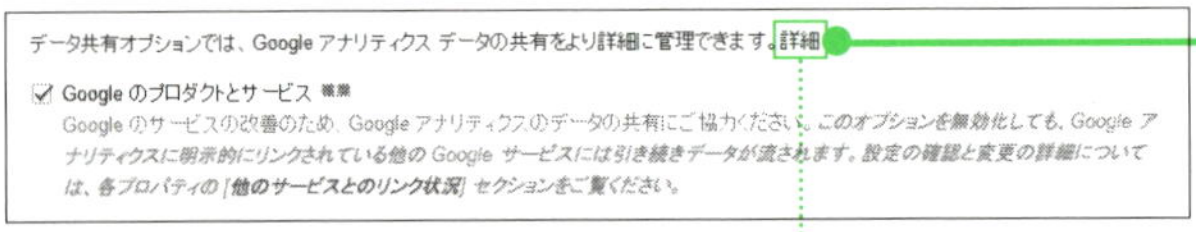
データ共有オプションでは、Google アナリティクス データの共有をより詳細に管理できます。詳細
Google のプロダクトとサービス 推奨
Google のサービスの改善のため、Google アナリティクスのデータの共有にご協力ください。このオプションを無効化しても、Google アナリティクスに明示的にリンクされている他の Google サービスには引き続きデータが渡されます。設定の確認と変更の詳細については、各プロパティの [他のサービスとのリンク状況] セクションをご覧ください。

・データ共有設定
このままで構わないが、気になる人は「詳細」をクリックして確認しよう

トラッキング ID を取得
キャンセル

⑤「トラッキングIDを取得」をクリックします。

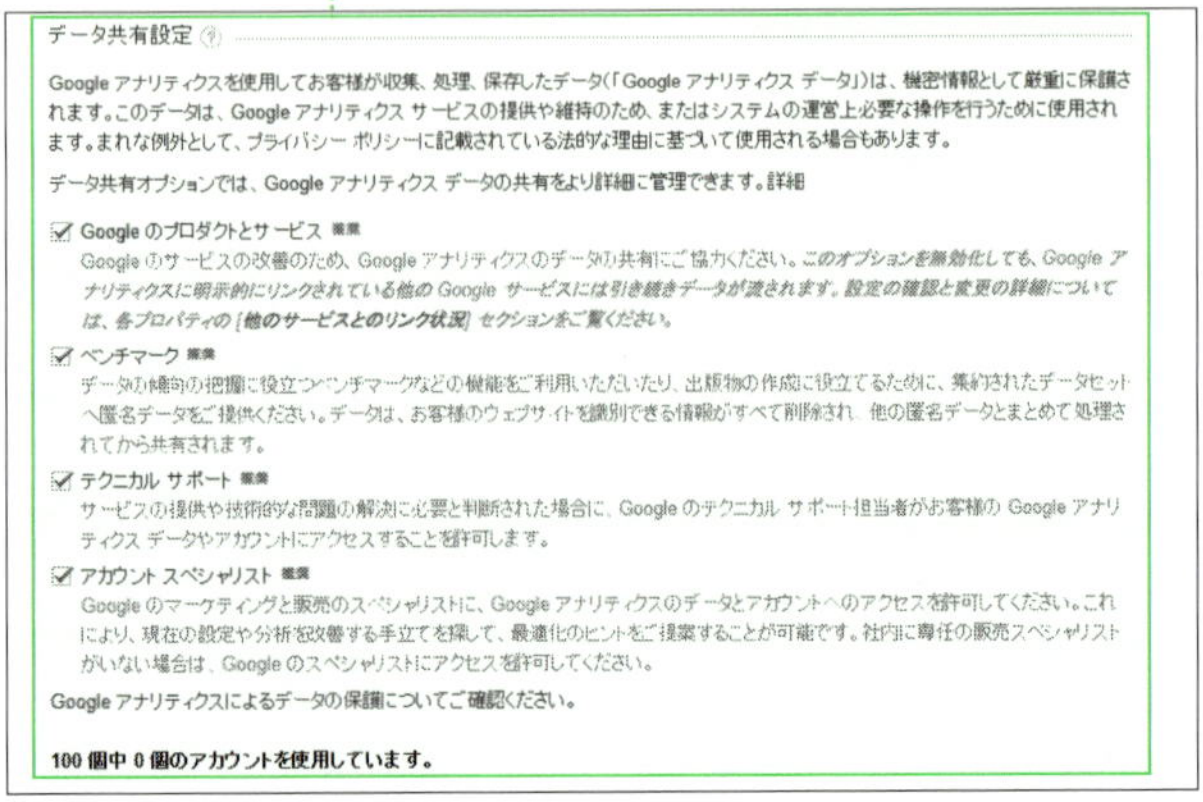
データ共有設定
Google アナリティクスを使用してお客様が収集、処理、保存したデータ(「Google アナリティクス データ」)は、機密情報として厳重に保護されます。このデータは、Google アナリティクス サービスの提供や維持のため、またはシステムの運営上必要な操作を行うために使用されます。まれな例外として、プライバシー ポリシーに記載されている法的な理由に基づいて使用される場合もあります。
データ共有オプションでは、Google アナリティクス データの共有をより詳細に管理できます。詳細
Google のプロダクトとサービス 推奨
Google のサービスの改善のため、Google アナリティクスのデータの共有にご協力ください。このオプションを無効化しても、Google アナリティクスに明示的にリンクされている他の Google サービスには引き続きデータが渡されます。設定の確認と変更の詳細については、各プロパティの [他のサービスとのリンク状況] セクションをご覧ください。
ベンチマーク 推奨
データの傾向の把握に役立つベンチマークなどの機能をご利用いただいたり、出版物の作成に役立てるために、集約されたデータセットへ匿名データをご提供ください。データは、お客様のウェブサイトを識別できる情報がすべて削除され、他の匿名データとまとめて処理されてから共有されます。
テクニカル サポート 推奨
サービスの提供や技術的な問題の解決に必要と判断された場合に、Google のテクニカル サポート担当者がお客様の Google アナリティクス データやアカウントにアクセスすることを許可します。
アカウント スペシャリスト 推奨
Google のマーケティングと販売のスペシャリストに、Google アナリティクスのデータとアカウントへのアクセスを許可してください。これにより、現在の設定や分析を改善する手立てを探して、最適化のヒントをご提案することが可能です。社内に専任の販売スペシャリストがいない場合は、Google のスペシャリストにアクセスを許可してください。
Google アナリティクスによるデータの保護についてご確認ください。
100 個中 0 個のアカウントを使用しています。

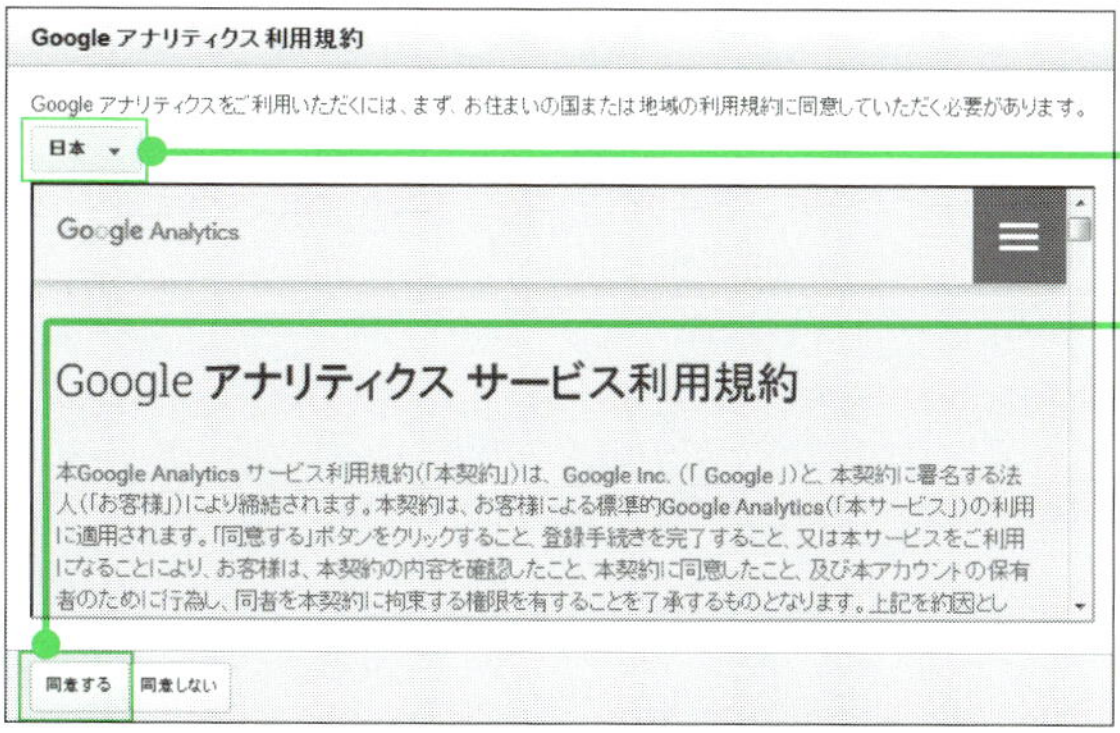

⑥利用規約を読み、問題なければ、国(日本)を選んで「同意する」をクリックします。トラッキングコードが発行されます。

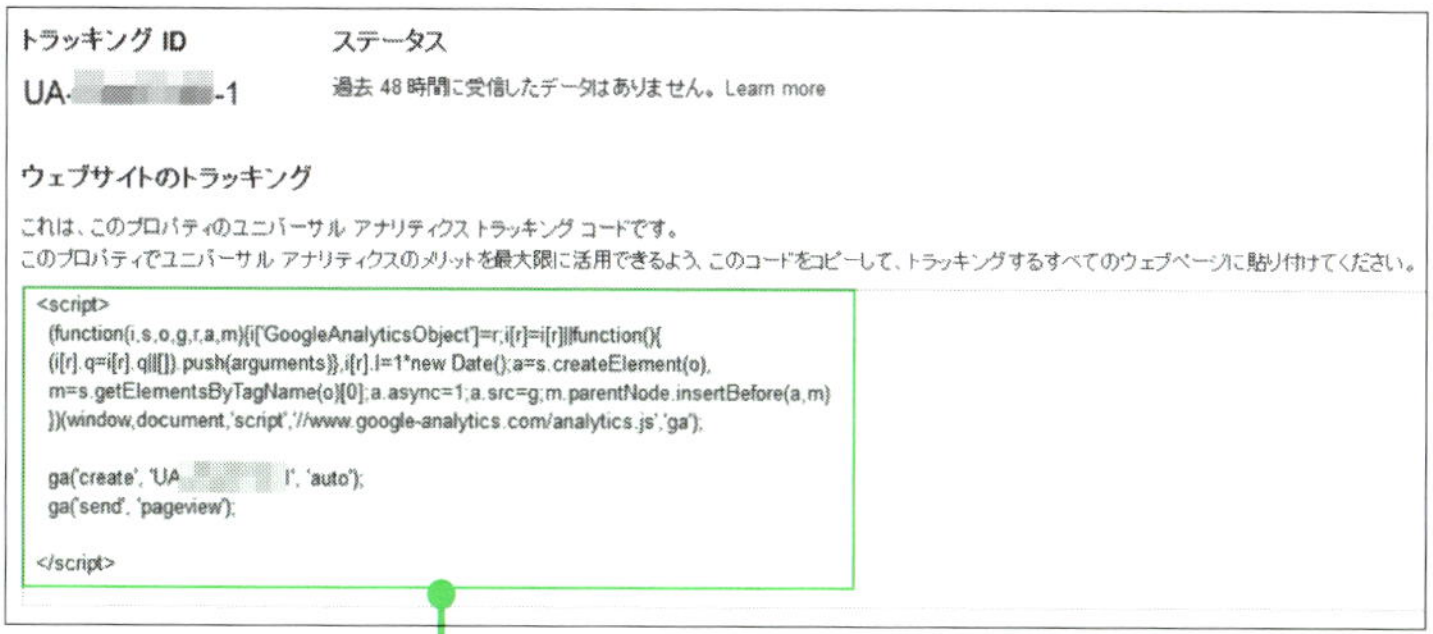

⑦この部分の文字をコピーして、テキストエディタ(Windowsならメモ帳など)に貼り付けてください。

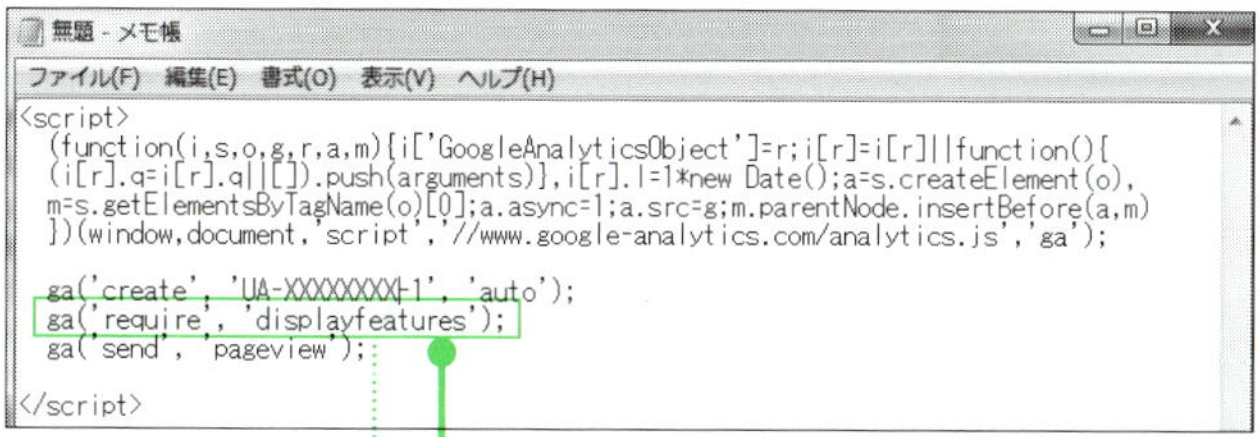

⑧少し面倒ですが、「ga('require', 'displayfeatures');」を追加します。このコードを追加することで、訪問者の年代や性別がわかるようになります。

```
ga('require',␣'displayfeatures');
```

トラッキングコードの貼り付け方

トラッキングコードは、使う仕組みやサービスによって貼り付ける場所が異なります。はてなブログであれば管理画面(ダッシュボード)の「設定」を選択し、「詳細設定」の「検索エンジン最適化」にある、「headに要素を追加」に貼り付けます(図9)。

WordPressの場合は、「header.php」に追記しましょう、と書いてある書籍が多いのですが、わかりにくいと思うので、プラグインをうまく使いましょう。「WP Total Hacks」などは、日本人が作ったので使いやすいと思います(図10)。

WP Total Hacks

URL https://ja.wordpress.org/plugins/wp-total-hacks/

図9

図10

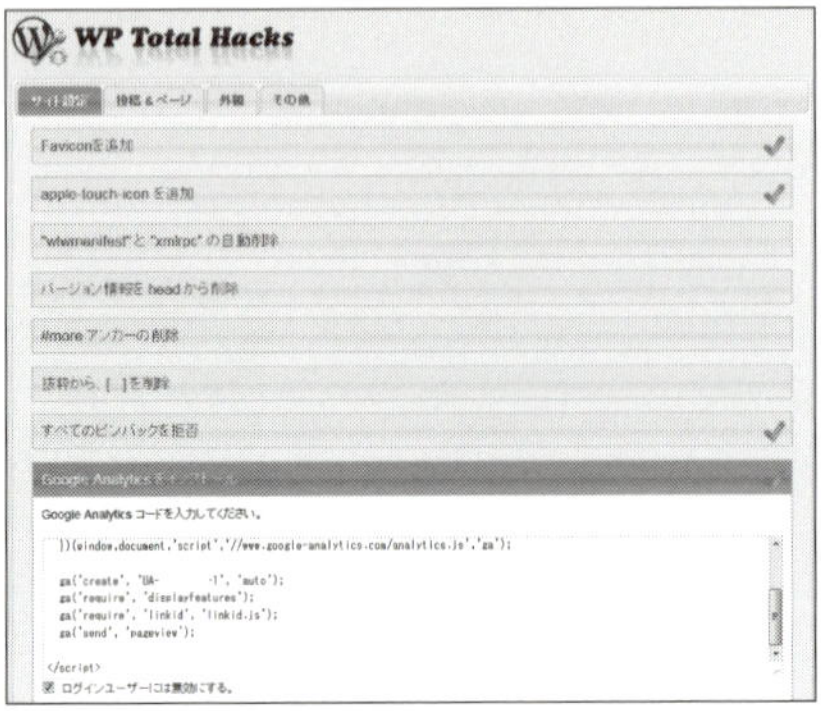

Column スマホでの閲覧者が多いのならヒートマップツールを導入しよう

アクセス解析ツールを使えば、パソコンで見ている人が多いのか、スマホで見ている人が多いのかを知ることができます。もしスマホで見ている人が多いなら、ヒートマップツールを導入してデザインを検討することも重要です。筆者が使っているヒートマップツールは「Ptengine」というものです。

Ptengine
URL https://www.ptengine.jp/

スマホの場合、「誤タップ」が結構発生しています。「リンクになっているだろうと思ってタップをした場所が、リンクになっていなかった」という経験はありませんか？ そのようなことが起きていないか知ることができるのが、ヒートマップツールです。
下図はモノクロですが、実際の画面では赤色が濃いところがタップ頻度の高い箇所です（図11）。リンクでもないのに濃い赤色になっていれば、リンクと間違えられている可能性があるので、わかりやすくデザインを工夫します。逆に、リンクなのに全然色が変わっていないのであれば、目立つように変更します。アフィリエイトのスマホサイトのデザインは、読みさすさと、わかりやすさが重要です。このツールではよく見られている場所もわかるようになっているので、特に興味を持たれている記事を知ることもできます。

図11

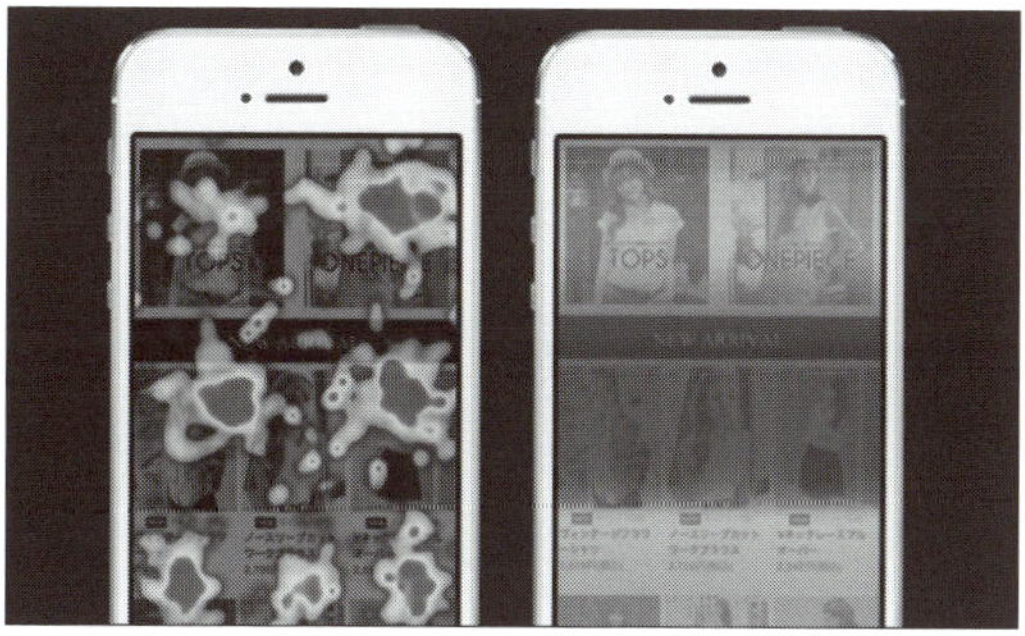

アクセス解析の基本用語集

分析で専門用語は避けられません。大事なものだけでも覚えよう。

専門用語を知らないと分析できない

アクセス解析では、最低限覚えておかないといけない専門用語があります。これらを知らないとまったく意味がわからないので、必ず覚えるようにしてください。

PV・UU・セッションの関係を覚えよう

基本中の基本であり、最も重要な言葉が「PV」「UU」「セッション」の3つです。これらの意味と関係を完全に覚えてからでなければ、Google Analyticsを使っても意味がありません。それぞれ説明していきます。

UU

ユニークユーザー（Unique User）の略で、サイト訪問者の数です。Google Analyticsでは「ユーザー」と表記されています（図12）。同じ人が1日に何回来ても、UUは1です。

例として、図13を見てください。月曜日にAさんBさんDさんが来てくれたので、3UUになります。では、この1週間のUU数はいくつになりますか？ 図のUU数を足すと13になりますが、1週間で来てくれたのは結局5人だけなので、この期間のUU数は5となります。

なお、個人の判別はブラウザで行っています。同じ人が同じパソコンからInternet Explorer(IE)とFirefoxとGoogle Chromeを別々に使ってサイトに来た場合は、3UUと計測されます（そんな人は稀ですが）。

もっと現実的な例だと、最近では昼間にスマホで見て、夜帰宅してからパソコンで見るという人もいます。そうなると、実際に見てくれたのは1人ですが、Google Analytics上では2UUとなります。本当のUU数は、表示されている数よりも少ないと考えておいたほうが無難です。

セッション

サイトに訪問した回数を表すのがセッションです。ただし、Google

Analyticsの標準設定では、30分以内に再び訪問した場合は1回とカウントされます（図14）。このルールには例外もありますが、最初は知らなくても問題ありません。

●PV

ページビュー（Page View）の略で、ページ単位の閲覧数を表します。1セッションの間にいくつかの記事を読んでくれる場合があるので、「1セッションで3PV」というようなこともあります。

図15の場合、UU・PV・セッションはそれぞれいくつになるでしょうか？ 記事を囲んでいる枠が、1回見たことを表しています。

答えは、UU=3、セッション=4、PV=11です。

Aさんは1回目で3ページ見て、30分以上経過してからもう1度来て

図12

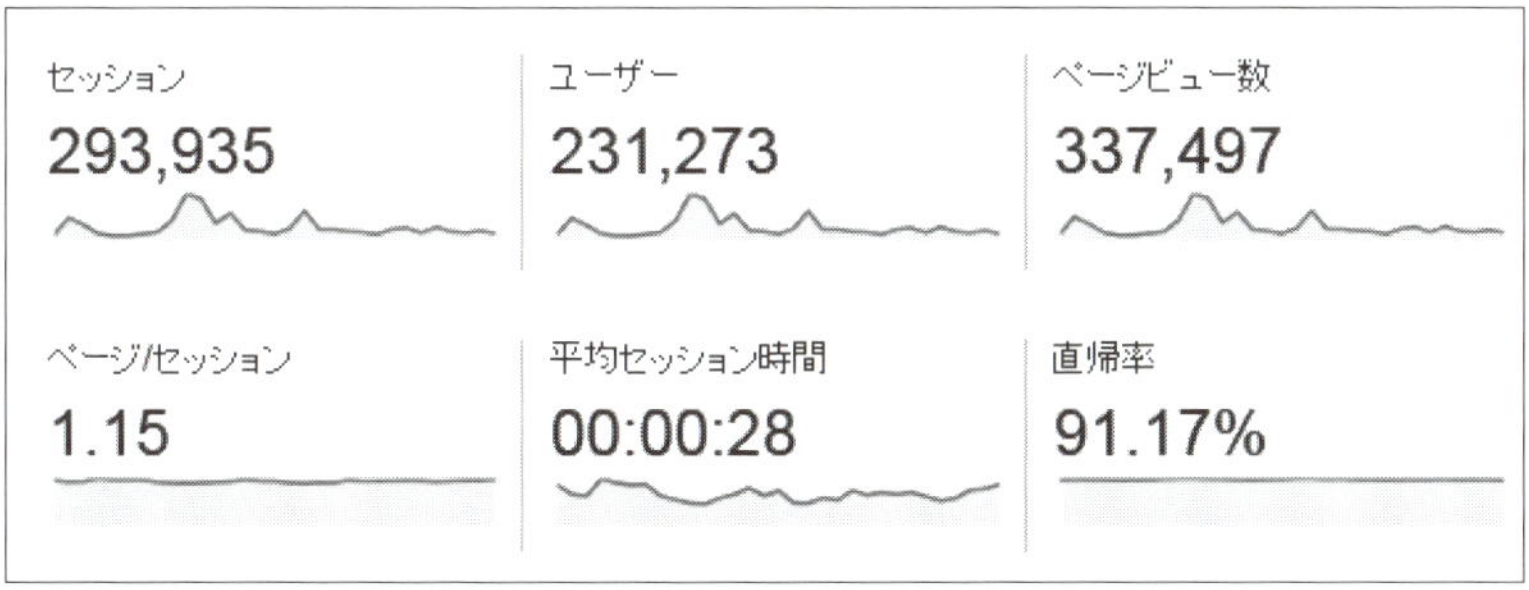

セッション
293,935
ユーザー
231,273
ページビュー数
337,497
ページ/セッション
1.15
平均セッション時間
00:00:28
直帰率
91.17%

図13

	月曜日	火曜日	水曜日	木曜日	金曜日	土曜日	日曜日
Aさん	○						
Bさん	○	○			○		
Cさん			○				○
Dさん	○	○		○		○	○
Eさん		○				○	
UU数	3	3	1	1	1	2	2

1週間のUUは5（5人が繰り返し見ているため）

図14

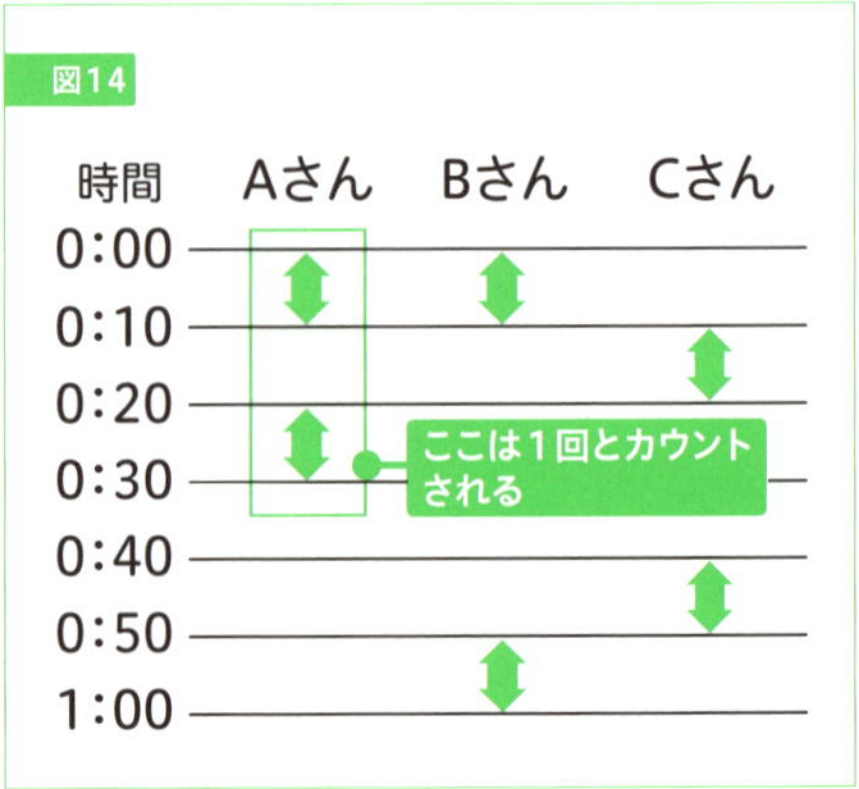
時間
Aさん
Bさん
Cさん
0:00
0:10
0:20
0:30
0:40
0:50
1:00
ここは1回とカウントされる

2ページ見ているので、セッション数は2、PV数は5になります。Bさんは最初と2回目の間が10分もないので同一セッションとみなされ、1セッションで3PVとなります。Cさんは3回訪問していますが、それぞれ30分経過していないために1セッション3PVです。

また、それぞれの数字の大きさは必ず次の数式どおりになります。

UU≦セッション≦PV

これは、アクセス解析において不変の式です。

そのほかの基本用語

●ページ/セッション（1訪問あたりのPV数）

1セッションあたり何PV見られているのかを表します。専門性があり、高額な商品を扱っているサイトは数字が大きくなる傾向にあります。

●セッション時間

1回の訪問でサイト滞在した時間です。ただし、Google Analyticsでは、最後に見たページの時間は計

図15

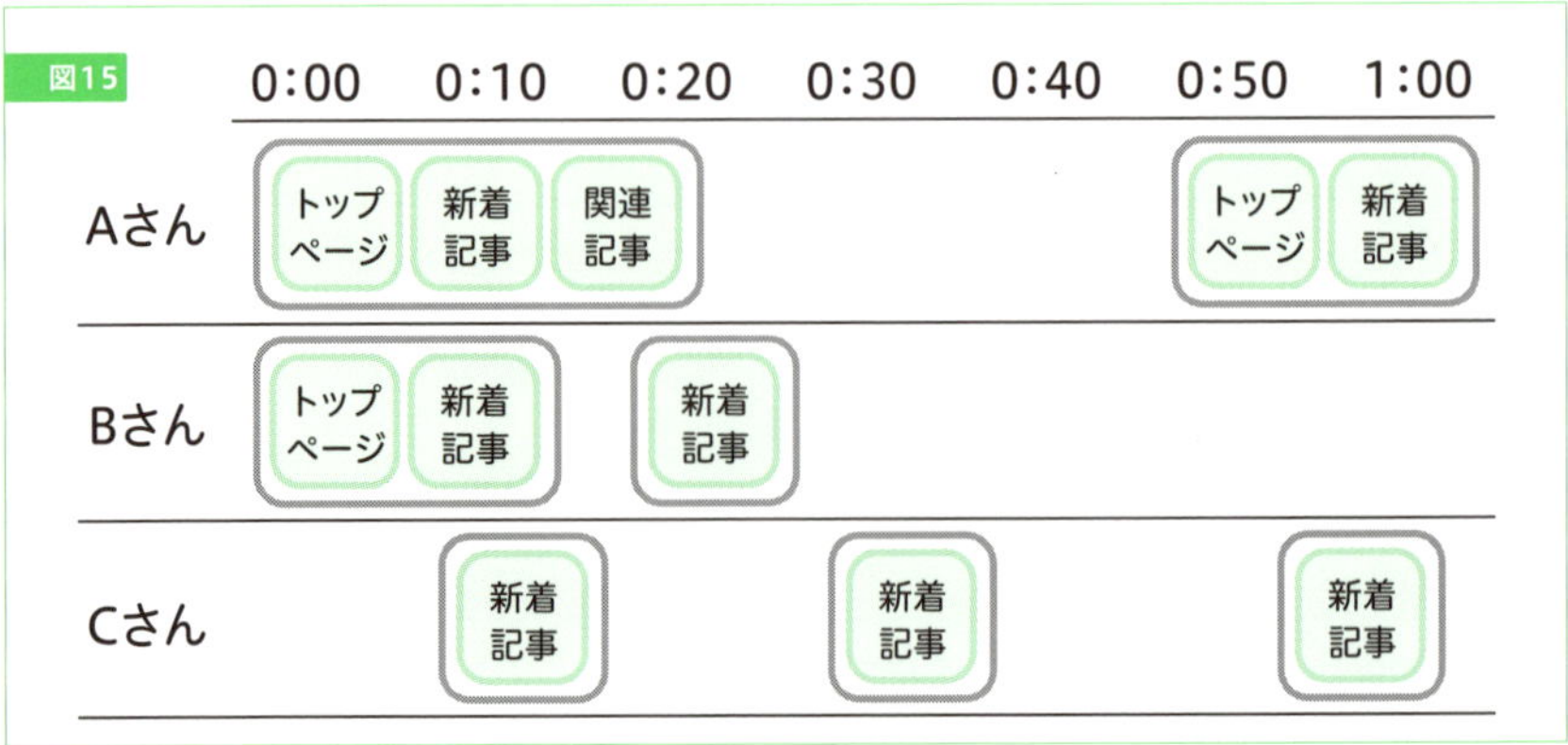
0:00
0:10
0:20
0:30
0:40
0:50
1:00
Aさん
トップページ
新着記事
関連記事
トップページ
新着記事
Bさん
トップページ
新着記事
新着記事
Cさん
新着記事
新着記事
新着記事

測されないため、1ページだけ見た人は計測されません（図16）。

直帰率

直帰とは、あるページを見たあと、ほかのページを見ることなくサイトを離れた状態のことです。この数字が高いほど、複数ページを見てくれていないことになります。アフィリエイト用のリンクをクリックしてサイトを離れても、計測上は直帰になります。

Organic Search（検索流入と検索キーワード）

Google Analyticsで「集客」の「サマリー」を選択すると表示されます（図17）。検索でサイトに来てくれた割合を示し、「Organic Search」をクリックすると実際にどんなキーワードで検索したか確認できます。

図16 セッション時間：1分20秒（最後のページはカウントされない）

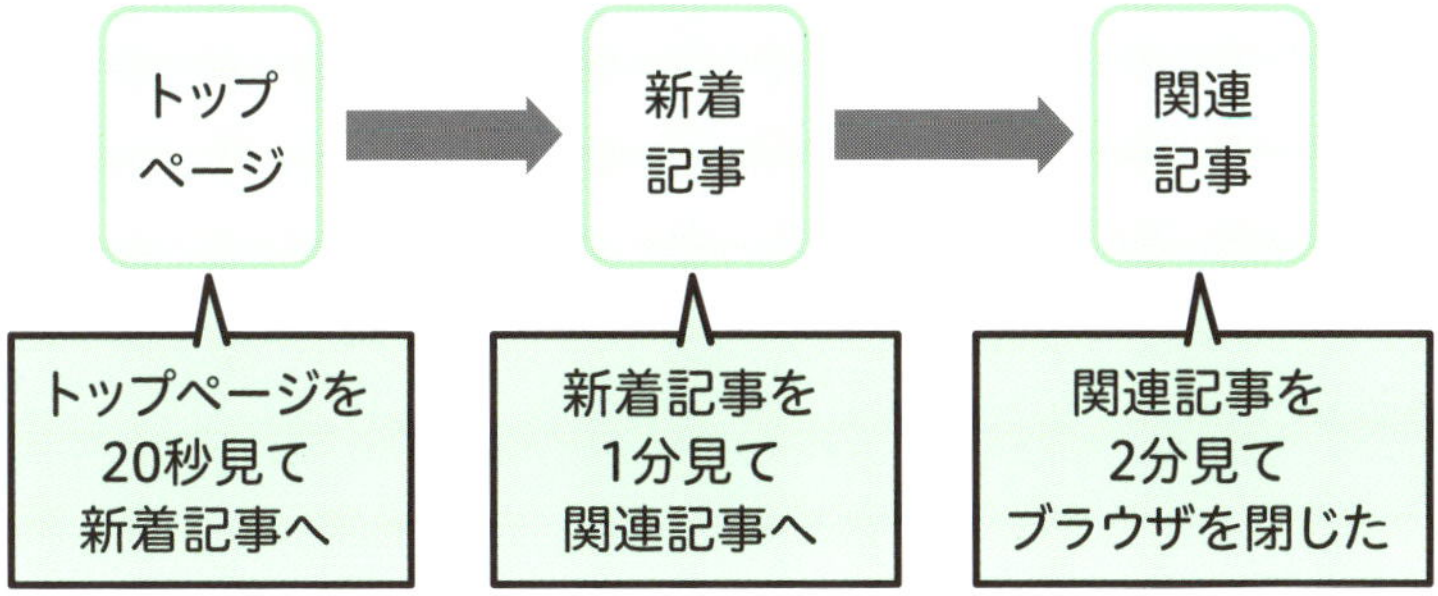
トップページ
新着記事
関連記事
トップページを20秒見て新着記事へ
新着記事を1分見て関連記事へ
関連記事を2分見てブラウザを閉じた

図17

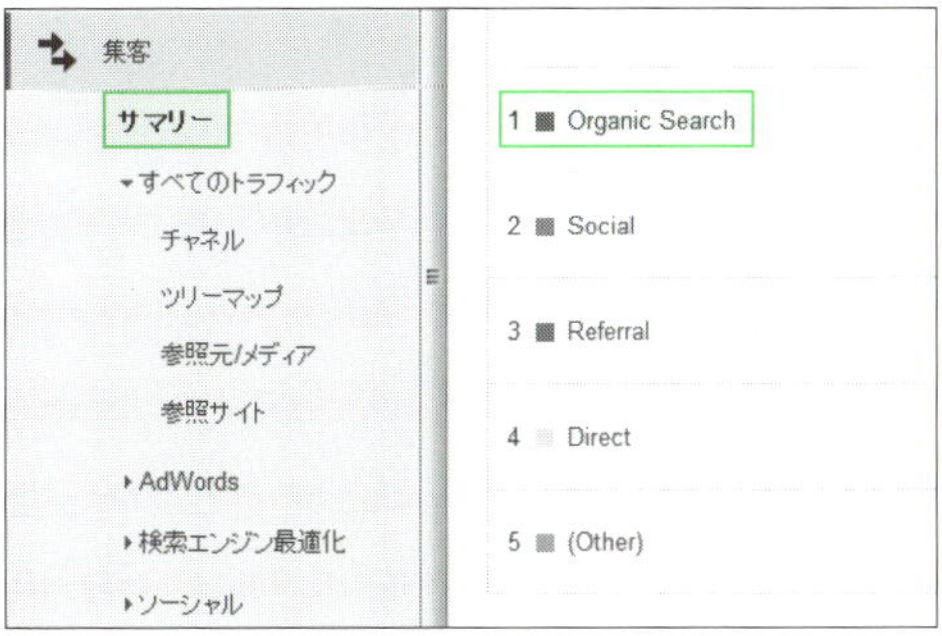
集客
サマリー
すべてのトラフィック
チャネル
ツリーマップ
参照元/メディア
参照サイト
AdWords
検索エンジン最適化
ソーシャル
1 Organic Search
2 Social
3 Referral
4 Direct
5 (Other)

●Social

Socialは、TwitterやFacebookなどのSNSから流入して来た割合です。記事をたくさんシェアされると、瞬間的ですが検索でも上位に表示されることがあります。

●Referral

リファーラルと読みますが、一般的にはリファラーと呼ぶことが多いです。リファラーとは、たとえば誰かに張ってもらったリンクから来てくれたことをいいます。Google Analyticsでは、検索サイトやSNSで表示されたリンク以外のものから流入した場合は、ここに該当します。

●Direct

Directは主にメールに張られたリンクや、パソコンのブックマーク、直接URLを打ち込んで訪問された割合です。リファラー情報を受け渡さないサイトやアプリからの流入もここに区分されます。

リファラーとは本来、リンク元のページのことを意味します。この情報を送らないように設定しているサイトは多く、その場合はDirectに区分されて、どこから来たのかわからなくなります。

しかし、アフィリエイトサイトの場合はあまり気にしなくても構いません。

●CVR（コンバージョンレート）

アフィリエイトをしていると、CVもしくはCVRという言葉をよく聞きます。CVはコンバージョン(Conversion)の略で、CVRはコンバージョンレート(Conversion Rate)の略です。

コンバージョンとは、最終的に得たい結果のことです。オンラインショップなら購入、アフィリエイトなら報酬が発生することです。

CVRは、コンバージョンに至った率を意味します。アフィリエイトなら5%あれば、かなりよい状態です。通常は0・5%~3%くらいです。

なおアフィリエイトのCVRはアクセス解析ツールでは調べることができません。ASPのレポート画面で確認するようにしてください。

稼ぐためにちゃんと覚えよう!

Column not providedって？

Google Analyticsでユーザーの検索キーワードを調べると、1位はほとんど「(not provided)」となっているはずです(図18)。これは、「どんなキーワードかわからない」ということです。Googleにログインしている状態で検索をしたときは、プライバシー上の問題としてGoogle Analyticsでわからないように設計されているため、このような結果になります。それでもGoogle Analytics以外のツールでおおよその検索キーワードは知ることができるので、後述します。
検索からサイトに入ってくることを「検索流入」といいますが、アフィリエイトにおいて検索流入は要です。サイトに人を呼びこむ方法はいくつかありますが、最もアフィリエイトリンクから購入につながるのは検索流入です。

図18

キーワード	集客 セッション
	82,939 全体に対する割合: 28.22% (293,935)
1. (not provided)	39,222 (47.29%)
2. [illegible]	7,319 (8.82%)
3. [illegible]	3,953 (4.77%)
4. [illegible]	3,235 (3.90%)

Column アフィリエイト以外の広告収入

ブログを続けていると、アフィリエイト以外で広告収入を得る方法を知りたくなると思います。月間のPV数やテーマによっては、純広告というものを設置することで、広告収入を得られる場合があります。

純広告とは、ブログの場所を固定費で貸すことです(一部変動の場合もあり)。広告を設置したいという人がいてはじめて成り立ちます。たとえば、「サイドバーの一番上のスペースを月1万円で貸して欲しい」という人に貸すような場合です。しかし、場所を借りたいほどの価値がなければできません。PVでいえば、最低でも月間30万PV以上は必要でしょう。ただし、ジャンルによっては10万PVくらいでも打診があるかもしれません。金額もジャンルによってさまざまです。

PVが少ないのに置かせて欲しいと言ってくる企業もありますが、大体は怪しいサイト(場合によっては違法サイト)へのリンク広告ということもあるので、判断はしっかり行うようにしてください。

一般的には、100万PVを超えたくらいの段階で、純広告の設置を検討してみるといいでしょう。

Google Analyticsでサイトを分析してみよう

基本的な使い方を知って、サイトをよりよくしていこう!

よく読まれている記事の検索キーワードを調べよう

Google Analyticsでは、どんな検索キーワードでサイトに来てくれているかを知ることができます。しかし、どの記事にたどり着いているかわからないことには意味がありません。よく読まれている記事は検索上位に表示されていることも多いので、どんなキーワードから流入しているか調べてみましょう。

検索流入の多いページと少ないページを比べるだけでも、ヒントを見つけられると思います。

狙っていたキーワードが入っていなかったら、記事やタイトルで正しく説明していなかったことになるので、記事の修正や、新しい記事でもっと詳しく書くよう改善してください。

また、セカンダリディメンションの設定はいろいろ試してみるとよいでしょう。そのうちに、Google Analyticsの使い方も覚えられます。

次のページから、具体的にいくつかの活用法を解説します。Google Analyticsは使い方次第でかなりいろいろな情報を得ることができますが、アフィリエイトの場合はまず基本的な方法でしばらく使ってみて、気になることが出てきたら調べるなり書籍を読むなりすればいいと思います。

Column 自然検索と有料検索

Organic Searchは、日本語にすると「自然検索」といいます。一方、自然ではない検索もあります。有料検索（Paid Search）というものです。GoogleやYahoo! で検索すると、検索結果の画面に広告が表示されます。これを利用して集客するアフィリエイト手法を「PPCアフィリエイト」と言いますが、初心者のうちは絶対に手を出さないことをおすすめします。筆者もそうでしたが、損をするだけだと思います。

検索キーワードの調べ方

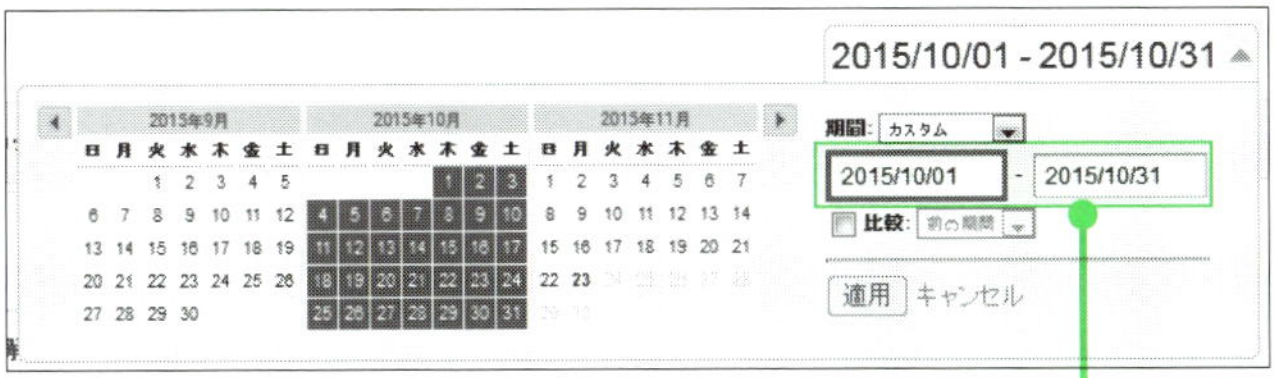

①Google Analytics を開き、画面上部で、前月の期間を指定します。

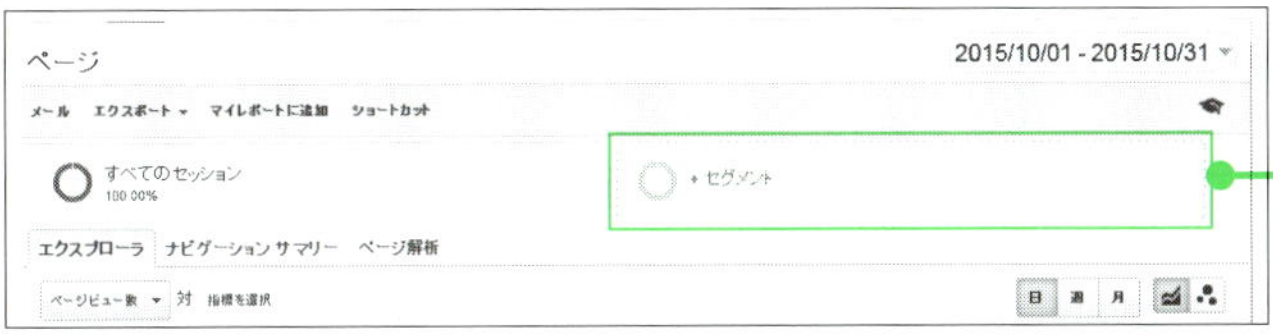

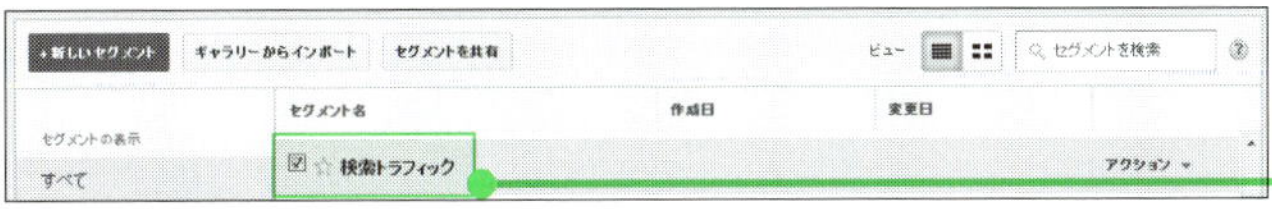

②「セグメント」をクリックし、「検索トラフィック」を選択します。ほかにチェックが入っている項目があれば外し、「適用」をクリックします。

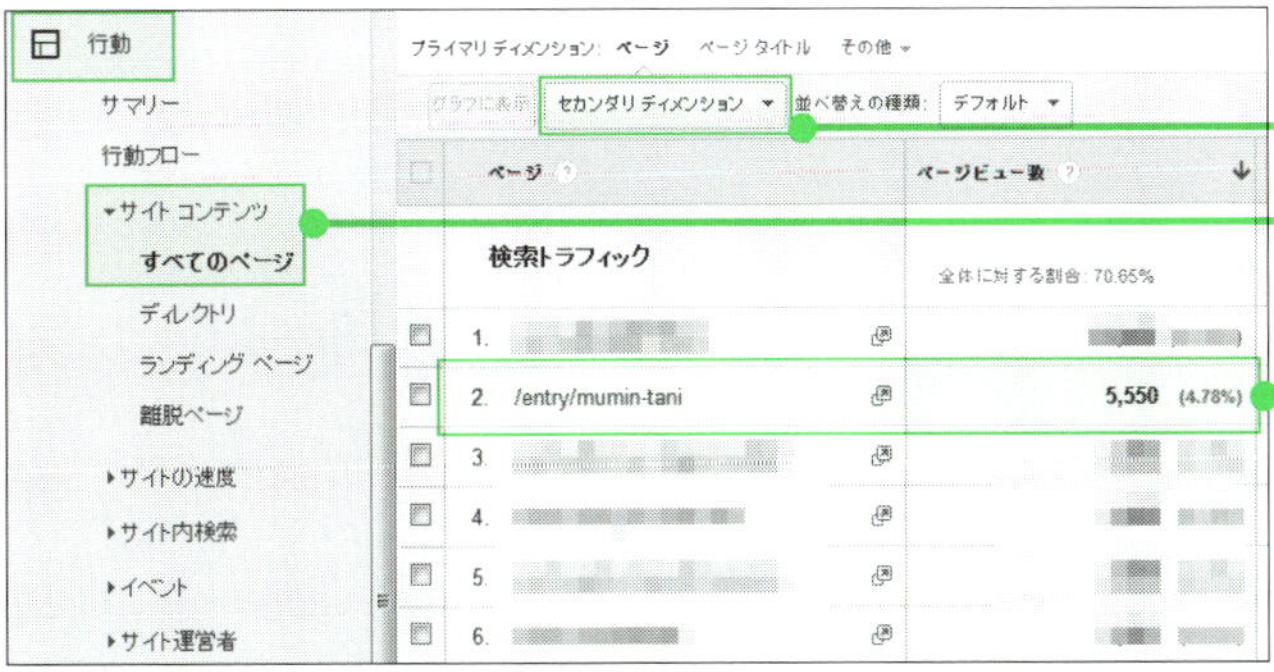

③メニューの「行動」から「サイトコンテンツ」→「すべてのページ」を見ると、検索によって読まれているページが閲覧数順に表示されます。
ここで表示されるURLはドメイン（たとえばhttp://AA.com/）のcomのあとの部分からです。横にあるリンクマークをクリックすると、そのページが開きます。

では閲覧数2位の「/entry/mumin-tani」の検索キーワードを見てみましょう。「/entry/mumin-tani」をクリックして、「セカンダリディメンション」の「広告」から「キーワード」を選択します。

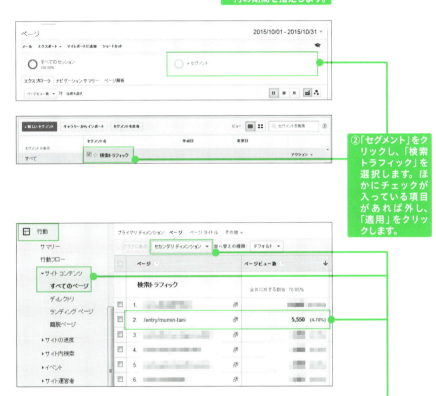

④ここで自分の狙っていたキーワードが含まれているか確認しましょう（キーワードの選び方は、第5章で解説しています）。

年齢・性別でセグメントしてみよう

①セグメントするには、検索キーワードを調べたときと同じように、「新しいセグメント」をクリックします。特定の条件（何かの行動をした人や、訪問者の属性）でグループを作ることを、「セグメントする」といいます。

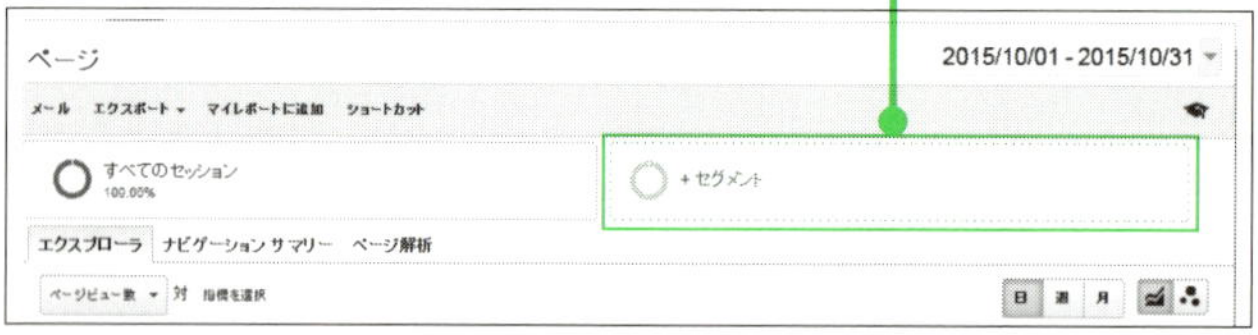

②セグメントの設定画面が出るので、自分のわかりやすいセグメント名をつけます（ここでは「30歳前後女性」としました）。年代と性別を選び、「保存」をクリックすれば、30歳前後女性というセグメントを作成できます。もし狙った年代や性別の人に読まれていないのであれば、記事を修正しましょう。タイトルや見出しに年齢や性別が入っているか、ターゲットが望むであろう情報が入っているか、確認してください。

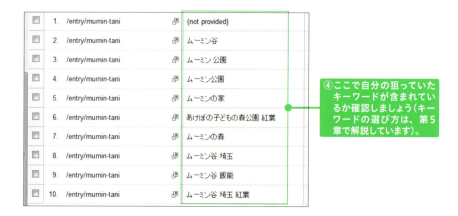

閲覧デバイスを確認してデザインを考えよう

サイトがどのデバイス(パソコン、スマホ、タブレットなど)でよく見られているのかを把握することも大切です。サイトを作る際、ほとんどの人はパソコンで作るため、パソコンで見たときのデザイン(記事の配置や広告の配置も含めて)ばかり気にしてしまう傾向にあります。しかし、実際はユーザーの半数以上がスマホで見ているかもしれません。Google Analyticsでは、閲覧デバイスも簡単にわかります。

メニューの「ユーザー」から「モバイル」→「サマリー」を選択します(図19)。mobileはスマホ、desktopはパソコン、tabletはタブレットを表します。PVが順調に伸びてきているのに、報酬が発生しないのであれば、デザインの問題もあるかもしれません。定期的にどのデバイスから見られているか確認してください。

図19

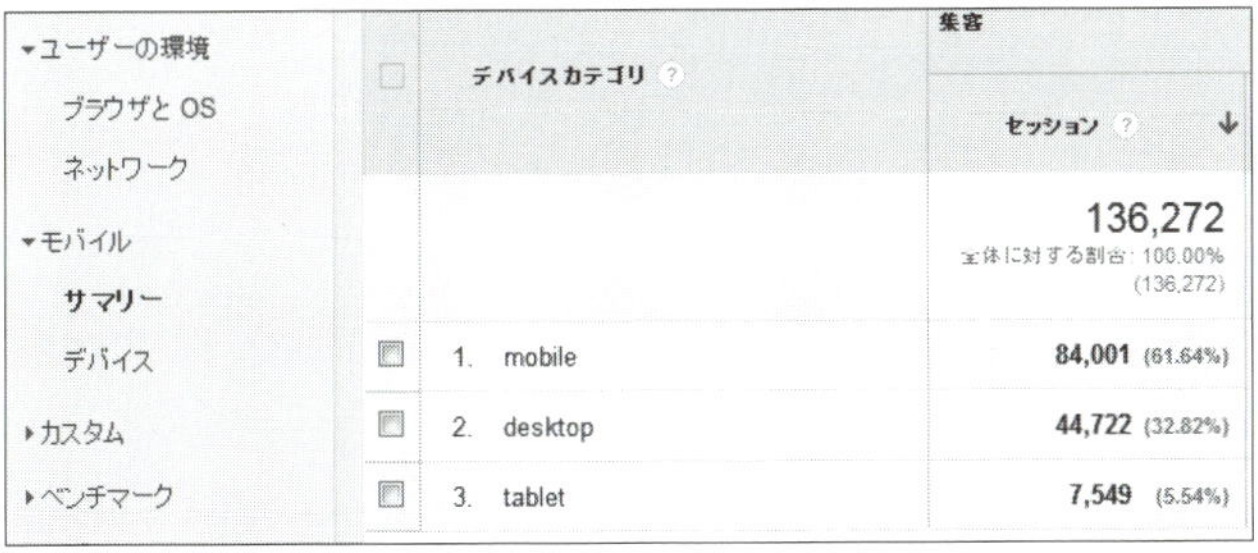
▾ユーザーの環境
ブラウザとOS
ネットワーク
▾モバイル
サマリー
デバイス
▸カスタム
▸ベンチマーク
デバイスカテゴリ
集客
セッション
136,272
全体に対する割合: 100.00%
(136,272)
1. mobile
84,001 (61.64%)
2. desktop
44,722 (32.82%)
3. tablet
7,549 (5.54%)

Column あえてスマートフォンの対策をしないのもアリ

スマートフォンで見られることを意識して書くことは重要ですが、あえてパソコンだけの表示にこだわることも、場合によっては有効です。サイト訪問者の7割8割がパソコンなら、思い切ってスマホを捨ててしまっても良いでしょう。もちろん、収益も一緒に捨てることにはなります。
スマホでの閲覧者が少ない場合はわかりやすいですが、「35歳以上が7割以上」「8割が男性」というような場合も、スマホにはあまり期待できません。なぜかというと、年齢の高い世代や男性は、「スマホで見たとしても、最終的に購入するのはパソコンから」という傾向が強いためです。このように、いろいろなデータを元に割りきってしまうことも、ときには必要です。

Google Analytics以外のデータも使おう

ASPでしかわからないデータもあります。必ずチェックしておこう。

ASPのデータは重要

Google Analyticsだけではどうしてもわからないことも結構あります。「何となくこの記事から購入してくれているのだろう」と推測はできますが、本当にその記事から報酬が発生しているのかどうかを確認するには、ASPのデータを見ないとわかりません。

たとえば「バリューコマース」では、成果が発生した記事や、閲覧デバイスを確認できる機能があります（図20）。同様の機能はA8.netやアクセストレードなどにもありますので、月に1回はきちんとデータを見るようにしましょう。

ASPのデータからも課題を見つけよう

ここでも、成果が発生している記事とそうでない記事を比べ、何が違うのか考えてみましょう。たとえば、最後のまとめの文章がうまくまとまっているか、きちんと商品の説明がされているか、ほかの商品との比較がわかりやすいかなど、課題が見えてくると思います。

図20

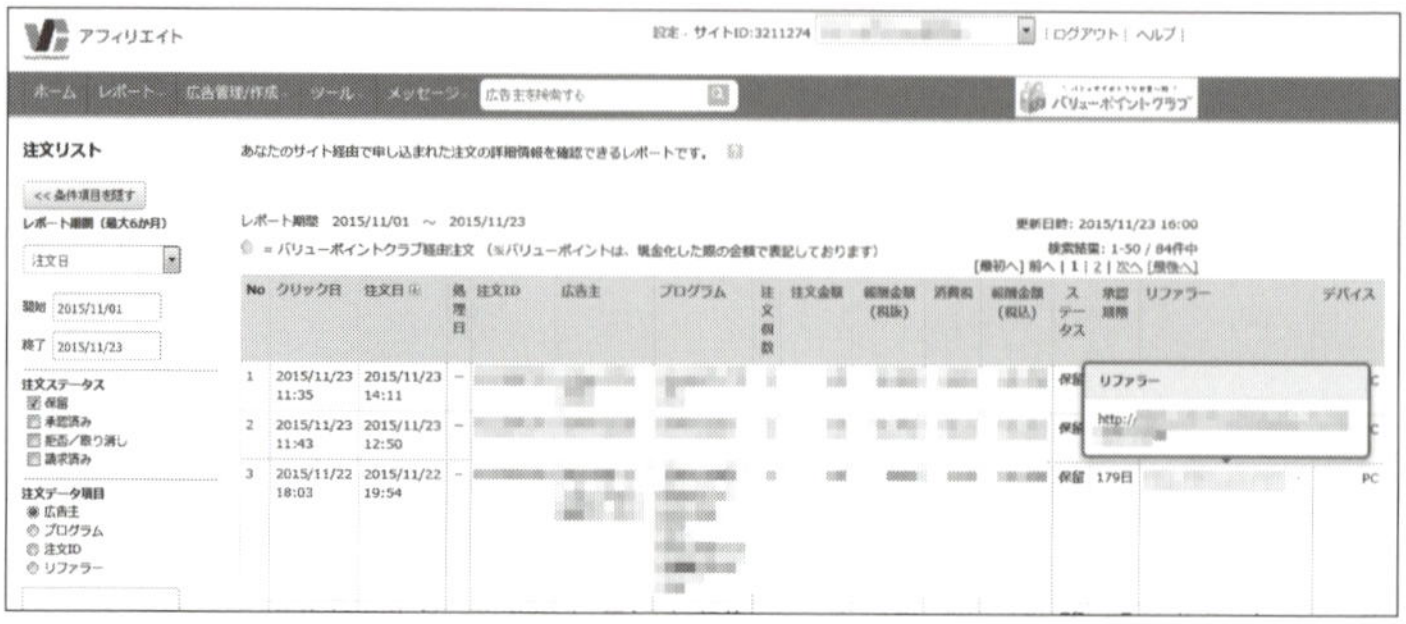
アフィリエイト
ホーム レポート 広告管理/作成 ツール メッセージ
注文リスト
あなたのサイト経由で申し込まれた注文の詳細情報を確認できるレポートです。
レポート期間 2015/11/01 ～ 2015/11/23
更新日時: 2015/11/23 16:00
No クリック日 注文日 処理日 注文ID 広告主 プログラム 注文個数 注文金額 報酬金額(税抜) 消費税 報酬金額(税込) ステータス 承認期限 リファラー デバイス
リファラー
保留 179日 PC

Column ツールを使ったレコメンドはレコメンドではない

Amazonや楽天市場で買い物をしたことがある人は多いと思いますが、そのときに「この商品を購入した人は、こちらの商品も購入しています」と類似商品や関連商品が紹介されます(図21、Amazonの例)。これをレコメンドといいます。レコメンドの意味を調べると、「勧めること、推薦すること」と出てきます。つまり商品をおすすめすることです。

ここで問題なのは、買ったものと同じようなものをすすめられることです。たとえば、アパレル系のネットショップでアウターを購入したら、類似商品をレコメンドされたような経験はありませんか？このようなとき、「いまアウターを購入したばかりだから、そんなにアウターばかりいらないんですけど」と思うでしょう。これはレコメンドとは呼べず、ただ類似商品を表示しているに過ぎません。性能の悪いレコメンド機能を使っているか、設定をしっかりと行っていないのだろうと思います。

ブログでも、関連記事を表示させる機能があります。これをレコメンドという人もいますが、実際にはレコメンドではありません。先の例のように、関連した記事を自動で表示させているだけです。本当のレコメンドは、「この記事を読んだ人は次にこんな情報を求めているはず」「こんな情報も知ってほしい」という記事を紹介しなければ意味がありません。

直帰率の改善策として、関連記事を表示させるよう解説しているサイトなどがありますが、若干は改善されても、大きな効果はないでしょう。それなら、自分の手でリンクを張って紹介したほうがよい結果が生まれます。

筆者のサイトでも、関連記事ではあまり効果がなく、ユーザーのニーズを推測しリンクを張ったところ、劇的に改善されたことがあります。手間はかかりますが、直帰率が減ればＣＶＲも改善することがあるので、面倒がらずにチャレンジしてみてください。

図21

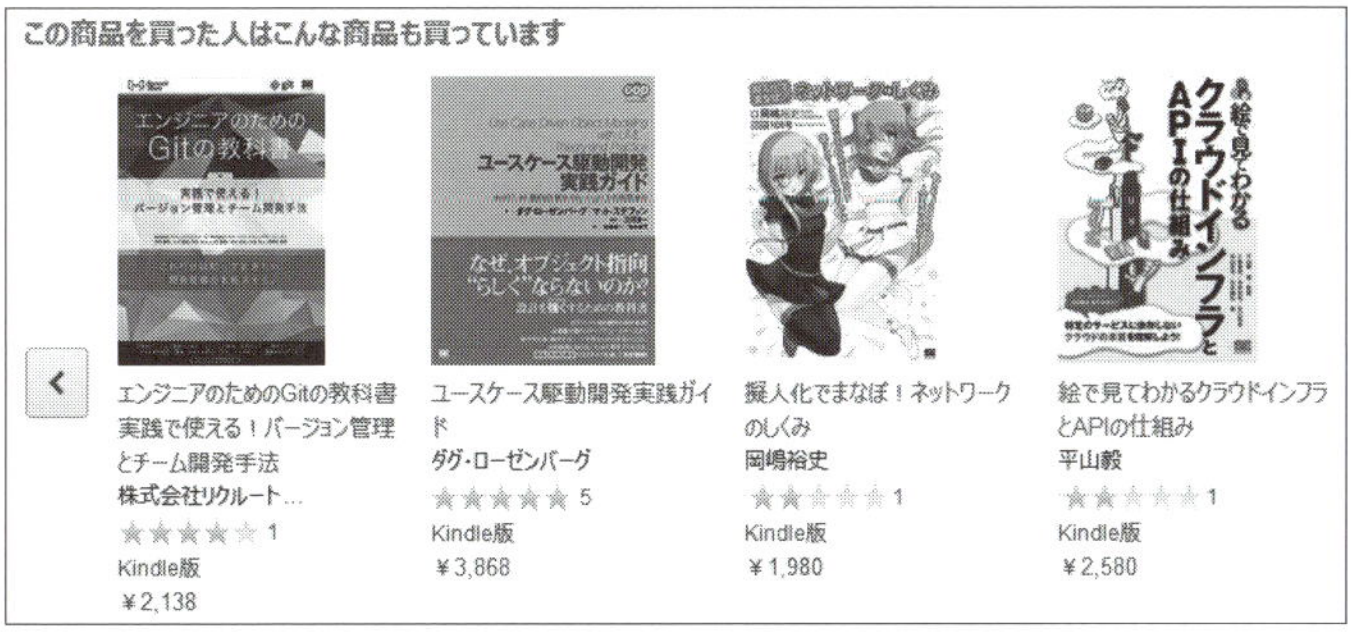
この商品を買った人はこんな商品も買っています
エンジニアのためのGitの教科書 実践で使える！バージョン管理とチーム開発手法
株式会社リクルート...
1
Kindle版
￥2,138
ユースケース駆動開発実践ガイド
ダグ・ローゼンバーグ
5
Kindle版
￥3,868
擬人化でまなぼ！ネットワークのしくみ
岡嶋裕史
1
Kindle版
￥1,980
絵で見てわかるクラウドインフラとAPIの仕組み
平山毅
1
Kindle版
￥2,580

アクセス解析では得られないデータも大切

「データ分析がすべて」と思うのは危険! 自分の経験も大切にしよう。

自分で確かめたことに勝るものはない

アクセス解析は非常に大切です。

しかし、データからでは見えてこないこともたくさんあります。

たとえば、飲食店を紹介するアフィリエイトの場合、その飲食店に行かなければ、味も雰囲気もわかりません。ネット上の評判を見ればある程度はわかりますが、人によって好みが異なるため、同じ料理でも「おいしい」と書く人もいれば「まずい」と書く人もいます。

行ったこともない飲食店の記事を30歳前後の男性に向けて書いて、狙いどおり30歳前後の男性が記事を見てくれたとします。しかし実際に店に行ったら20歳前後の女性客ばかりだったらどうでしょうか。記事を見て店に行った男性は、記事を書いた人やサイトを信用しなくなるでしょう。それどころか、悪評を書かれてしまうかもしれません。

実際に店に行けばすぐわかることでも、行かなければわかりません。本当のデータは紹介する店や商品にあります。アクセス解析のデータだけを頼りにするのではなく、あくまでも補助的にあるものだということは忘れないようにしてください。

あくまでも相手は人だということ

アクセス解析ツールを使えば、いろいろなことがわかります。改善のヒントは山ほどあります。しかし、それらはあくまでヒントであって、答えまでは出してくれません。

結局は、得られたヒントから自分で答えを出していくことが大切です。そのときに気をつけて欲しいのが、記事を読んでくれる人はロボットではなく、自分と同じ人間であるということ。目先の利益にとらわれると、記事を見てくれる人の存在を忘れてしまうことがあります。ペルソナを決めることが重要であるのは、記事の先には人がいることを忘れないためでもあります。

Chapter 4
サイト運営で知っておくべき注意点とマナー

- 必ず知っておくべき権利と法律
- ネットのマナーに気をつけよう
- 投稿時の注意点

必ず知っておくべき権利と法律

知らないでは済まされない、権利と法律の話です。

アフィリエイトに関する権利と法律

アフィリエイトで知っておくべき法律や権利がいくつかあります。知らなかったでは許されないこともあるので、必ずおさえておきましょう。ここでは、特にアフィリエイトに関係する6つについて解説していきます。

著作権

著作権とは？

アフィリエイトサイトが犯している行為で一番よく見かけるのが著作権侵害です(厳密にいえば著作権侵害の疑いがあるもの、図1)。著作権法については、何となくわかっている人は多いと思いますが、簡単にいえば自分で著作したものを保護してくれる法律です。たとえば、マンガを勝手にスキャナーで読み込んでインターネット上に公開すれば著作権侵害になります(一部例外あり)。

あまり詳しく説明すると長くなってしまうので省きますが、仮にあなたが撮影した写真と文章を盗用して、お金儲けに使われたらどう思いますか？　たとえ広告主のサイトの文章や画像でも、勝手に使うことは著作権侵害になります。一部の広告主は画像利用を許可している場合もありますが、はっきり利用可能かどうかわからない場合は、使わないようにしましょう。ほかにも、他人が撮影した宿の外観の写真や、料理の写真も使ってはいけません。

場合によっては訴えられる可能性もあります。せっかく稼いだ報酬がなくなるかもしれないので、十分注意してください。

著作権侵害にならない例

ではすべての文章や画像を掲載してはいけないのかというと、そうではありません。条件さえ整えば、許可を得ずに利用できるものもあります。

1つは引用です。引用は、自分の主張や意見、論理を説明するために、ほかの人の著作物を紹介することです。もととなる意見を掲載したうえで、自分の意見を述べることは、著作者にだまって掲載しても著作権侵害にはなりません。

ただし、引用する部分は意味がわかる範囲の最小限にとどめる必要があります。また、引用した著作物以上のことを書かなければいけません。そして、引用した部分（誰の何という書籍のどこに書かれているかなど）を明確にします。これがよく言われる「引用の主従関係の明確化」というものです。

著作権の著作物の定義は「思想又は感情を創作的に表現したものであって、文芸、学術、美術又は音楽の範囲に属するものをいう」と著作権法に定められています。つまり、思想や感情を創造的に表現してないものには、著作権は成り立たないということになります。

たとえばある商品を紹介するとき

図1

注意！
ネットでよくある著作権侵害
!!
ブログなどでマンガの
1コマを無断で掲載
ドラマや映画の紹介で
無断で映像を切り取る
コンサートの映像や音源、
写真を無断アップロード

に、価格を掲示しなければ買う人は少ないですよね。では価格に対して著作権があるかといえば、それはありません。パソコンやスマートフォンを紹介する際にスペックを書くことがありますが、これにも著作権はありません。ただし、これとは別問題で、創造性がないからと文章をまるごと掲載するのはSEO上の問題があるので、やはり自分の言葉で説明するようにしてください。スペックを書く場合でも、このスペックだと何ができるのか、どういうメリットがあるのかということを自分の言葉で表現することが大切です。

著作権のポイント

- 他人の文章や絵などを勝手に使用しない
- 広告主のものであっても、無断利用は原則不可
- 書籍の一部などを、出典元(書名、著者名、出版社など)を明記して紹介するのはOK(ただし、自分の意見を述べるために利用する)
- 商品を紹介する際に、カタログに掲載されているような基本情報を書くのは問題ない

景品表示法

景品表示法という法律があります。厳密には「不当景品類及び不当表示防止法」というものです。これがアフィリエイトにどう関わってくるかといえばすごく簡単で、「誇大広告はいけない」ということです。

例を挙げると、ダイエット用のサプリメントをアフィリエイトで紹介する場合、実は1カ月で100gしか痩せていないのに、「5kg痩せました！」なんて書いたら、ウソをついて大きな効果をうたっているので、誇大広告になります。

実際のところ、このようなことをしても、購入した人から景品表示法違反として訴えられる可能性は低いです(詐欺罪などほかの法律で訴えられる可能性はあります)。しかし、広告主から見たらどうでしょうか？広告主はアフィリエイターに対して景品表示法違反とならないように監督する責任が発生します。つまりウソを書いているアフィリエイターには注意をしますし、場合によっては報酬を支払わないことや、提携を解除することもあります。アフィリエイターにとっていいことは何もありません。

不正競争防止法

不正競争防止法ははじめて聞くかもしれません。アフィリエイトでは、この法律で禁止されている「競合関係にある企業に対する営業誹謗行為」にあたる場合があります。

たとえば、広告主が法律事務所だったとします。A法律事務所の成果報酬は1件1万円、B法律事務所の成果報酬は2万円で、ともに事務所が都内の同じ駅にあったとします。アフィリエイターにしてみればB法律事務所で契約してくれたほうが儲かるので、B法律事務所をすすめたい気持ちになるでしょう。そこでA法律事務所のことを悪く書いた場合、不正競争防止法違反になってしまいます。

これが「競合関係にある企業に対する営業誹謗行為」というものです。どちらかの悪口を書くのではなく、よい面を取り上げておすすめするようにしてください。

薬機法

化粧品やサプリメントは、アフィリエイトの中でも人気のジャンルです。これらの広告を扱うときは、薬機法を知らなければいけません。薬機法は旧薬事法のことです。現在の正式名称は「医薬品医療機器等法」です。

どこから薬機法違反なのかは判断しにくい部分もあるのですが、広告主のサイトで書かれている以上のことは書かないというのが一番です。広告主は薬機法のことは当然わかっているので、違反するようなことは記載しません。また、ASPも調査して確認しているそうです。

基本的には、「効果がある」「治す」

Column 薬機法とはまた違う温泉法の世界

旅行関係のアフィリエイトの中で、温泉宿を紹介している人は多く、筆者もその1人です（温泉ソムリエの資格も持っています）。そのときに気をつけたいのが温泉法。薬機法と温泉法は混同されがちですが、まったく異なるものです。温泉には効能（正確には「適応症」）というものがあります。温泉法では泉質によって書いてもよい効能が決められています。つまり、泉質によって決められたもの以外の効能を書くと温泉法違反になります。たとえば、炭酸水素塩泉や二酸化炭素泉は冷え性に効果があるのですが、硫黄泉や酸性泉は効果がないとされています。もちろん温泉なので、「温まる」と書くのはいいのですが、「冷え性によい」と書くのはいけないのです。逆に言うと、正しく使えば「冷え性によい」と書いてよいということです。効果を明記できるところが、薬機法と違います。

「痩せる」「防げる」「予防できる」といった表現は、ほぼ薬機法違反になります。つい使いたくなる言葉が多いので、気をつけましょう。

肖像権

肖像権も、アフィリエイトで注意が必要な権利です。肖像権は自分の顔などを勝手に使われないための権利で、法律上に明記されていないものですが、判例で認められたケースがあります。著作権とは別物なので、自分で撮影した写真でも注意が必要です。たとえば、見ず知らずの人が写っている写真をネットに公開する場合は危険です。知らない人が写った写真はなるべく使わないようにし、どうしても使いたいときは顔にモザイクをかけるなどして、個人が特定できないようにしましょう。

商標権

商標権も侵害が多いものです。ここでは、ASPのバリューコマースが掲載している注意点を紹介します。

> 広告主の許可なく、商標(会社名、商品名、ドメイン、ロゴマークなど)にあたるものを使ってアフィリエイト活動を行うことは商標権の侵害となりますのでやめてください。広告主の許可なく広告主のサイト名や社名、商品名などを使ってリスティング広告(キーワード広告)を使う行為や、日本語ドメインで商標を使ってサイトを構築することも商標権を侵害していると考えられますので注意してください。

バリューコマース
「アフィリエイト運営ポリシー」
URL https://www.valuecommerce.ne.jp/policy/as_attention.html

しかし、会社名や商品名をまったく書かずに紹介するのは不可能です。では具体的にどういうことが問題になるかと言えば、商標や企業名、商品名を使うことで、アフィリエイターが広告主と勘違いされることです。もちろん誹謗行為のために企業名や商品名を出すのもNGです(不正競争防止法違反にもなります)。また、勝手に広告主のロゴを使ってバナー広告を作ることも商標権の侵害になります。

Column ステルスマーケティングしないように気をつけよう

最近「ステマ」という言葉をよく聞くようになりました。ステマとはステルスマーケティングの略で、広告なのに広告ではないように見せる行為のことです。芸能人があたかも自分で使っているようにブログに書いて、実は広告だった、ということが問題になりました。

では、アフィリエイトはステマなのでしょうか？ 答えは違います。ただし、アフィリエイトであることを明確に宣言していない場合は、ステマになる場合もあります。明記するだけでなく、どこに書かれているかわかるようにしておく必要があります。筆者の場合は「運営者情報」というページを作り、そこにアフィリエイトを行っていることを書いています（図2）。

まだステマの定義もあいまいなところがあるので一概には言えませんが、広告主との関係性を明確にしておけば大丈夫です。つまり「金銭の授受がある」「広告主に依頼されている」ことをはっきり書いておけばいいでしょう。アフィリエイトすべてを「ステマ」という人もいますが、それはその人の考え方に過ぎないので、気にしないでください。

アフィリエイトを宣言する文の例

当サイトは、アフィリエイトプログラムを利用することによって、商品並びにサービスを紹介しております。アフィリエイトプログラムとは、商品およびサービス提供元と業務提携を行い、商品およびサービスを紹介するWeb広告のシステムです。アフィリエイトプログラムで得た利益は、サイト運営資金およびサイトの品質向上のために使用させていただいています。

図2

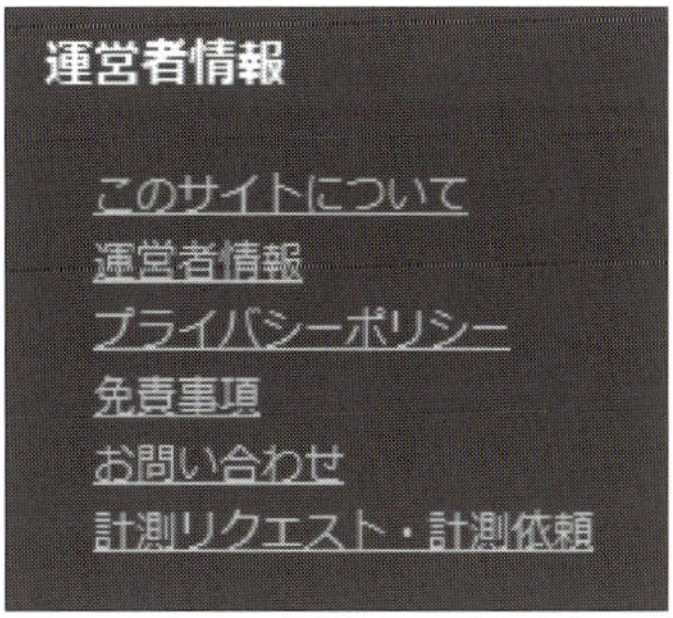
運営者情報
このサイトについて
運営者情報
プライバシーポリシー
免責事項
お問い合わせ
計測リクエスト・計測依頼

ネットのマナーに気をつけよう

アフィリエイトの世界にもマナーがあります。

アフィリエイトで嫌われる行為

アフィリエイトをするうえで嫌われがちな行為がいくつかあります。これはネットのマナーにもつながりますので、気をつけるようにしてください。例を挙げると、自分のアフィリエイトサイトを紹介したいために、似たようなことを書いているサイトのコメント欄に、自分のサイトのURLを掲載する行為は最も嫌われます。「私もそのことに興味を持っています。ぜひ見に来てくださいね」というようなコメントと一緒にURLを書く人がいます。アフィリエイターのサイトにそんなことを書いて回っていたら、嫌われること間違いなしです。もちろん、興味があることをコメントするだけなら構いませんし、喜ばれることも多いでしょう。しかし、URLは絶対に書かないようにしてください。

同じような行為として、ネット掲示板に自分のサイトの宣伝をいくつも書き込むことは「マルチポスト」と呼ばれ、嫌がられます。それぞれのサイトには所有者がいます。自宅の壁に勝手にポスターを貼られたら、誰でも不快な気持ちになると思いますが、それと同じです。

実社会とつながりのあるSNSは使わない

最近では、SNSを使ってアフィリエイトを行う人も増えています。しかし、実社会の知り合いとつながっている場合、アフィリエイトの宣伝をする前に、本当に投稿すべきかよく考えましょう。Facebookで自分の友人が突然、「この商品がおすすめだよ」とアフィリエイトの記事をシェアしたらどう思いますか？　まるで、久しぶりにあった友人にマルチ商法に誘われたような感じがしませんか？　法的に問題があるわけではありませんが、友人をなくす可能性があります。Twitterなどでも同様です。SNSで宣伝するのであれば、アフィリエイト用のアカウントやFacebookページを作って行うようにしましょう（図3）。

図3

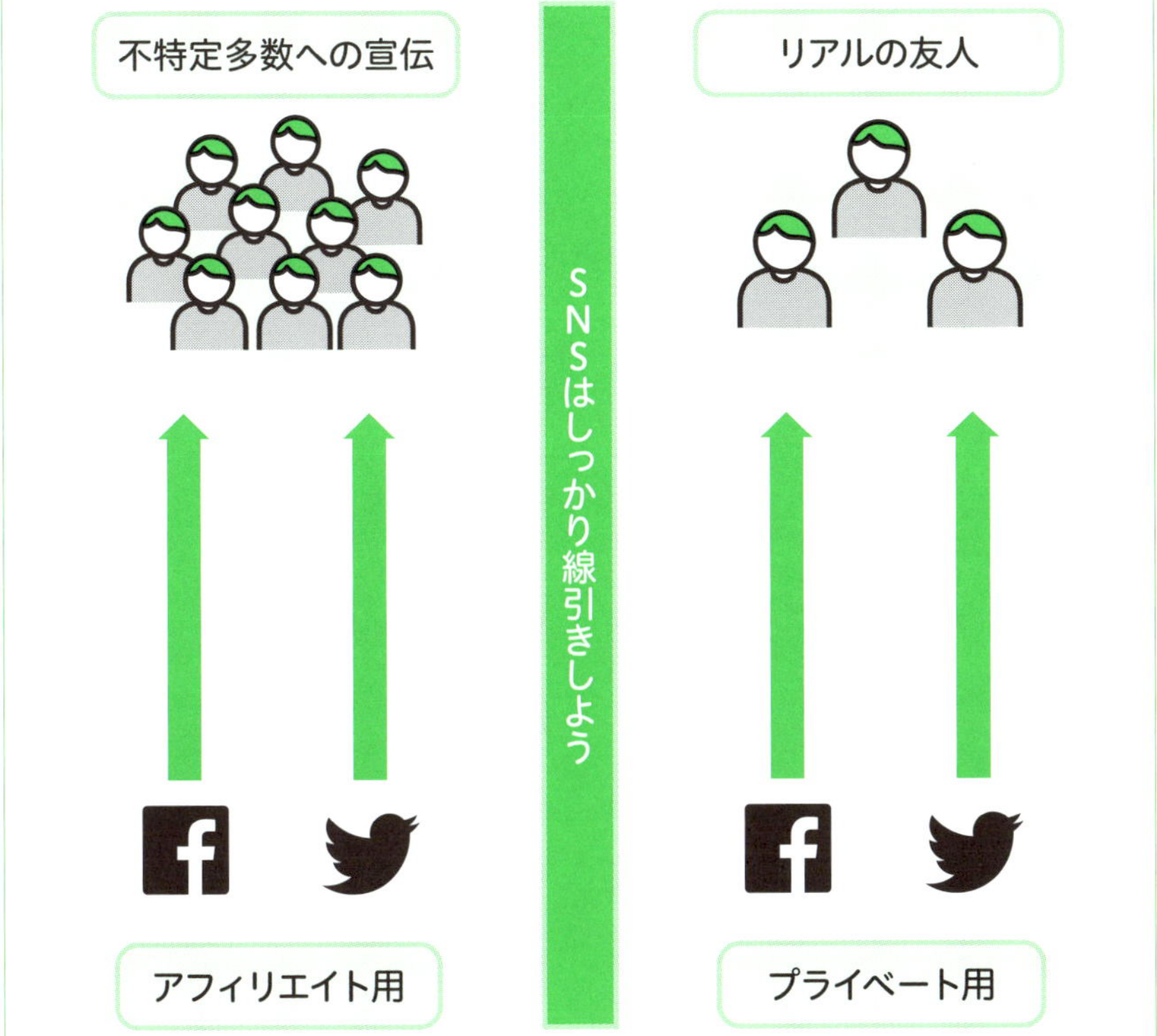
不特定多数への宣伝
SNSはしっかり線引きしよう
リアルの友人
アフィリエイト用
プライベート用

Column 知り合ったアフィリエイターに報酬額は聞かない

アフィリエイトを続けていると、ほかのアフィリエイターと知り合う機会があります。その際に、相手の報酬がいくらくらいあるのか非常に興味を持ってしまうものです。しかし、報酬額は聞かないのがマナーです。

特に専業のアフィリエイターに報酬を聞くということは、会社員に給料を聞くことと同じです。仲良くなってからは、打ち明け話もできるようになるでしょうが、ネットビジネスといっても一般社会のマナーが根底にあるということは、忘れないようにしてください。

投稿時の注意点

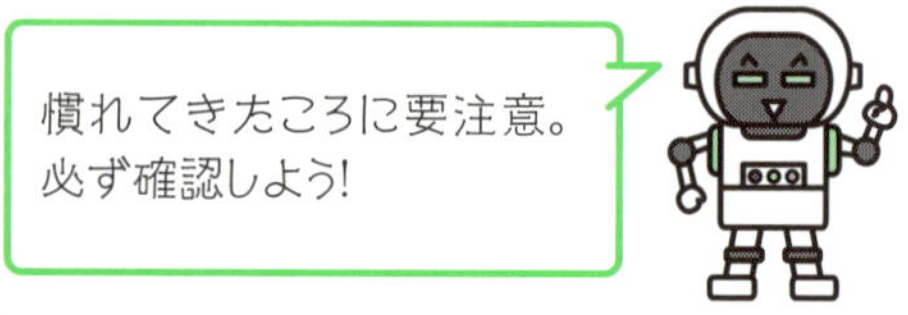
慣れてきたころに要注意。
必ず確認しよう!

間違いは素直に認めよう

確認不足で間違ったことを書いてしまうことがあります。それを指摘されたとき、「文句をつけてきた」と考えずに、真摯に受け止めるようにしてください。誤りを教えてくれる人は、非常にありがたい存在です。自分の詳しい分野だとつい意固地になってしまいがちです。しかし、自分の成長のためにも間違いはきちんと受け止め、訂正するようにしましょう。

セールの案内をするときは必ず終了していないか確認

セールに合わせたタイミングで記事を投稿すると、成果が発生しやすくなります。ただし、セール期間を間違えて記載していないか、特に注意してください。

また、「先着○名(個)まで」のように、商品の数が限定されているセールを案内するときも気をつけてください。これは筆者も経験があるのですが、記事を書いている間に、先着数に達してしまうことがあります。限定数がある場合は、投稿したあとすぐ、在庫があるか、注文を受け付けているか、確認するようにしてください。その後も、定期的にサイトを確認し、終了していれば記事を削除するか、セールが終了したことを追記するようにしましょう。

「てにをは」のチェックを忘れずに

助詞や接続詞など、いわゆる「てにをは」の使い方には注意してください。「私は」「私が」「私に」「私を」、その後に続く言葉で大きく意味が違ってきます。

また、「てにをは」を確認することで、文脈がおかしくないかのチェックにもなります。投稿する前にもう1度読み直して、なんとなく読みづらいところがあれば「てにをは」や文脈に原因があるはずです。特に慣れてきたころによくやってしまうミスといえます。

Chapter 5

さらにアクセス数を上げるには

- どうすればアクセスが増える?
- SEOと検索のしくみ
- Google Search Consoleを使ってみよう
- SEO対策をしよう
- キーワードに悩んだら
- SEOに頼らずアクセスを上げる方法
- アクセス数が急に下がった!なんで?

どうすればアクセスが増える？

検索流入を意識してサイトを作ろう!

アクセスを上げる方法

記事数が増えてきたけれど、アクセス数が上がらない……という悩みにぶつかることがあります。しかし、一定数を超えていれば、アクセス数はアフィリエイトにおいてはあまり重要ではありません。なぜなら、アクセス数が増えたからといって、収益が伸びるわけではないからです。中には月間10万ＰＶ未満でも数十万円を得ている人もいます。筆者にしてみても、月間20万ＰＶほどのブログで50万円以上の収益を得ています。

そうはいっても、ある程度のアクセス数がなければ稼げないのも事実です。アクセス数が増えれば、いろいろな戦略を練ることもできます。

アクセスを増やす記事

アクセス数を伸ばすには、記事を増やすしかありません。それもやみくもに書くのではなく、アクセスが増えるような内容である必要があります。

ブログを続けていくと、定期的に読んでくれる人が増えてきます。筆者のメインブログは、定期的に読んでくれる方が５００人以上います。そのため、１つ記事を書けば、最低でも５００ＰＶは増える計算になります。しかし、「定期的に読んでくれる＝定期的に収益が上がる」ではありません。むしろ、アフィリエイトリンクで何か購入してくれるのは稀です。

ではどうすればいいのかといえば、検索で来てくれる人（検索流入）を増やすことが重要です。アフィリエイトで確実に収益を増やしていくためには必須です。

人はなぜ検索するのか

人は、「できれば検索なんてしたくない」ということを知ってください。意外に思う人もいるかもしれませんが、なぜ検索するのかを考えれば、その理由はわかります。

あることを知りたいと思ったとき、

それを知っている人が目の前にいても、聞きにくいことがあると思います。身体的なことや恋愛についてなど、誰しも人に相談しにくい話題があるでしょう。だから検索をして解決しようと考えます。アフィリエイトにおいては、このようなニーズをつかむことが重要です。検索をしたいのではなく、ほかに方法が思いつかないから検索をしているわけです。

当然ながら、検索する人は答えを求めています。つまり、アフィリエイトで紹介している商品やサービスが、悩みや疑問を解決してくれると思ってもらうことが成約につながります。

また、書く記事の内容が問題解決になっていることも大切です。

Column GoogleとYahoo! の検索結果はほとんど同じ

Yahoo! JapanはGoogleの検索エンジンを使っているため、検索結果はほとんど一緒です（図1）。Yahoo! Japan側で多少のカスタマイズはされていますが、気にしなくていい程度の差です。日本での検索シェアは、GoogleとYahoo! Japanを合わせると9割以上になります。

どちらもGoogleの検索エンジンなので、検索アップの対策はすなわち、Google対策ということです。

図1

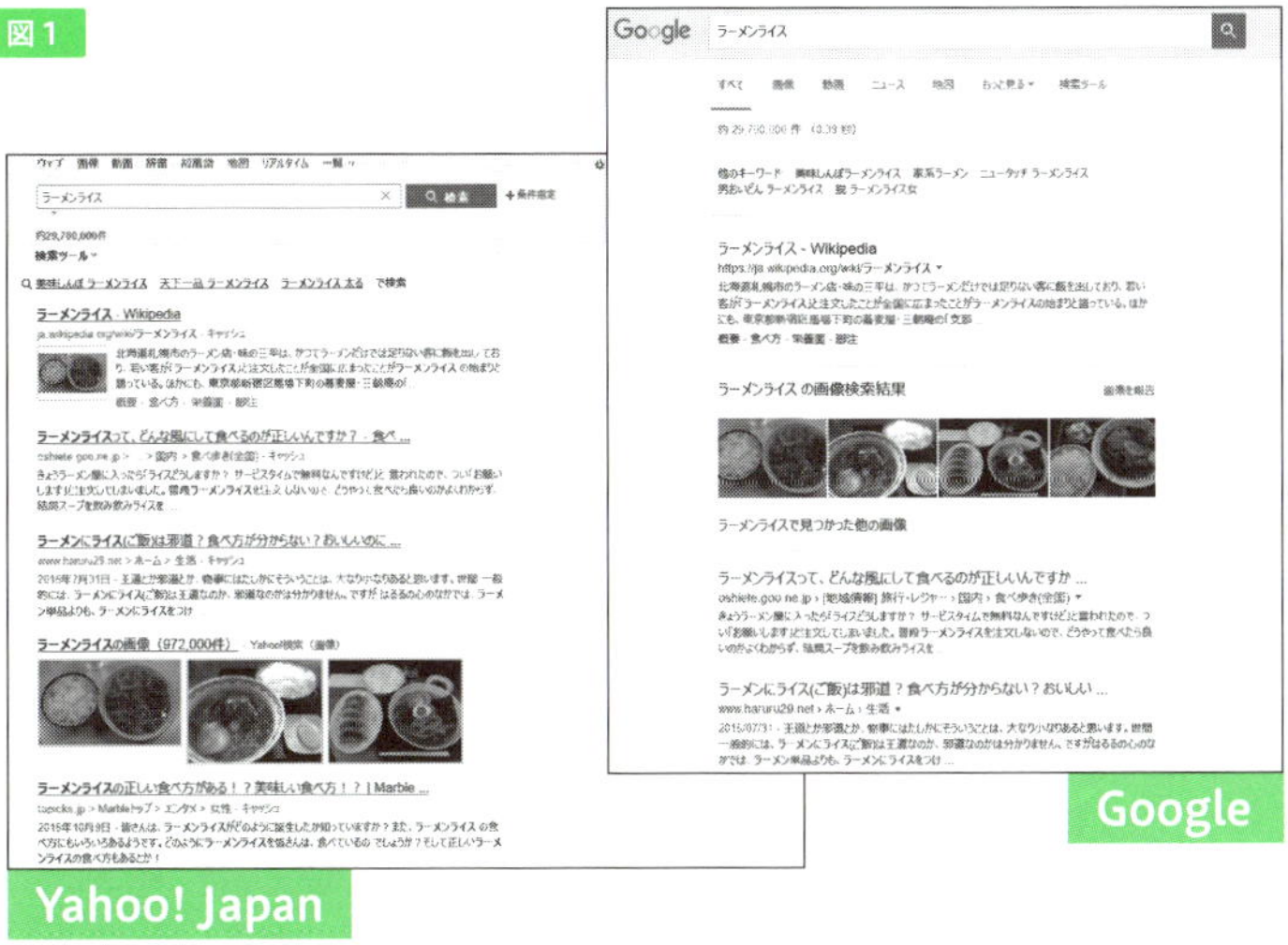

SEOと検索のしくみ

検索順位を上げる「SEO」ってなんだろう？

SEOって何？

検索流入を増やす施策のことを「SEO」と言います。これはSearch Engine Optimizationの略で、日本語に訳すと「検索エンジン最適化」という意味です。検索結果でより多く表示されるように、あるいはより上位に表示されるようにする方法です。アフィリエイトで大きな収益を得るには必要不可欠です。

ネットでSEOを調べてみると、いろいろな情報が出てきますが、中にはウソもあります。わざと難しく書いて、専門家に依頼しないと無理だと思わせるようにしてあるサイトも多数あります。しかし、SEOは以前よりも簡単になっており、正しい方法であれば検索結果の改善が見込めます。

検索の基本① クローラー

検索結果に表示されるようにするためには、そのしくみを知らないといけません。

GoogleやYahoo! などにキーワードを入力して、検索ボタンをクリックすると、検索エンジンがWebサイトを探してくれます。検索エンジンは、Webクローラーというプログラムをインターネット網に無数に走らせています。これは単に、プログラムがいろいろなホームページやブログを見て回って、何が書かれているか調べているだけです。検索エンジンがクローラーにサイトを巡回するよう命令しているようなイメージです（図2）。

図2

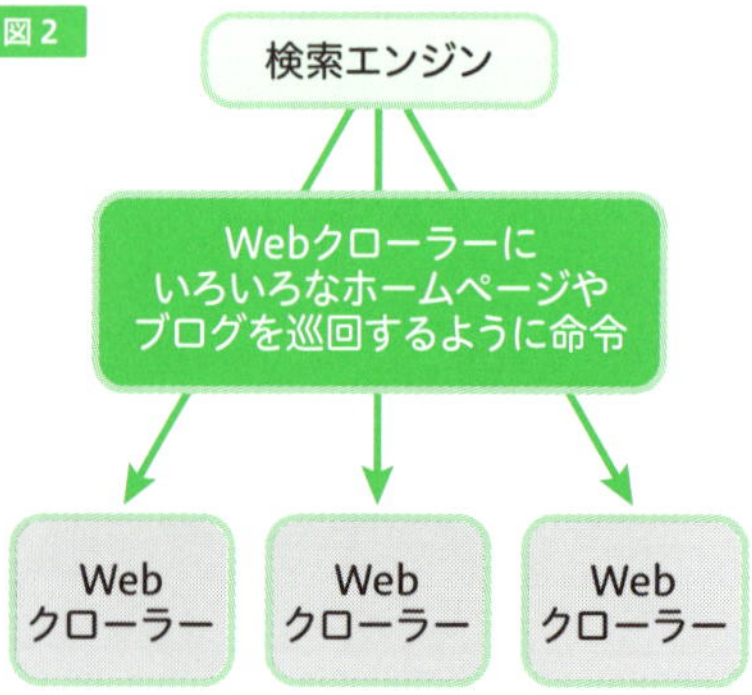

つまり、まずはクローラーに来てもらわないと、検索結果には絶対に表示されないということを覚えてください。クローラーは、リンクを渡り歩くように設定されています。そのため、たくさんのリンクが張られているサイトをよく訪れることになります。インターネットのリンクは無数に張り巡らされており、まるで蜘蛛の巣のようになっているので、クローラーは「スパイダー」と呼ばれることもあります（図3）。

検索の基本② インデックス

クローラーと並び、検索のしくみを理解するうえで重要なのが、「インデックス」です。インデックスとは、クローラーが持ち帰った情報を整理する作業のことです。この記事は温泉について書かれているとか、クレジットカードについて書かれているとかを区別して整理していきます（実際には、もっと細かく区別されます）。その整理された情報が、検索結果に表示されるのです。

つまりインデックスは、クローラーが持ち帰った情報を検索結果に表示される状態にすること、と言い換えることができます。ただし、インデックスされたからといって必ずしも検索結果に表示されるわけではありません。

インデックスされても検索結果に出ないということは、Googleに記事の内容が評価されていないということです。もう一度内容をよく考えて、追記やリライト（書き直し）をしてみてください。ただし、競争が激しいキーワードだと、それでも検索結果に出ないことがあります。

図3

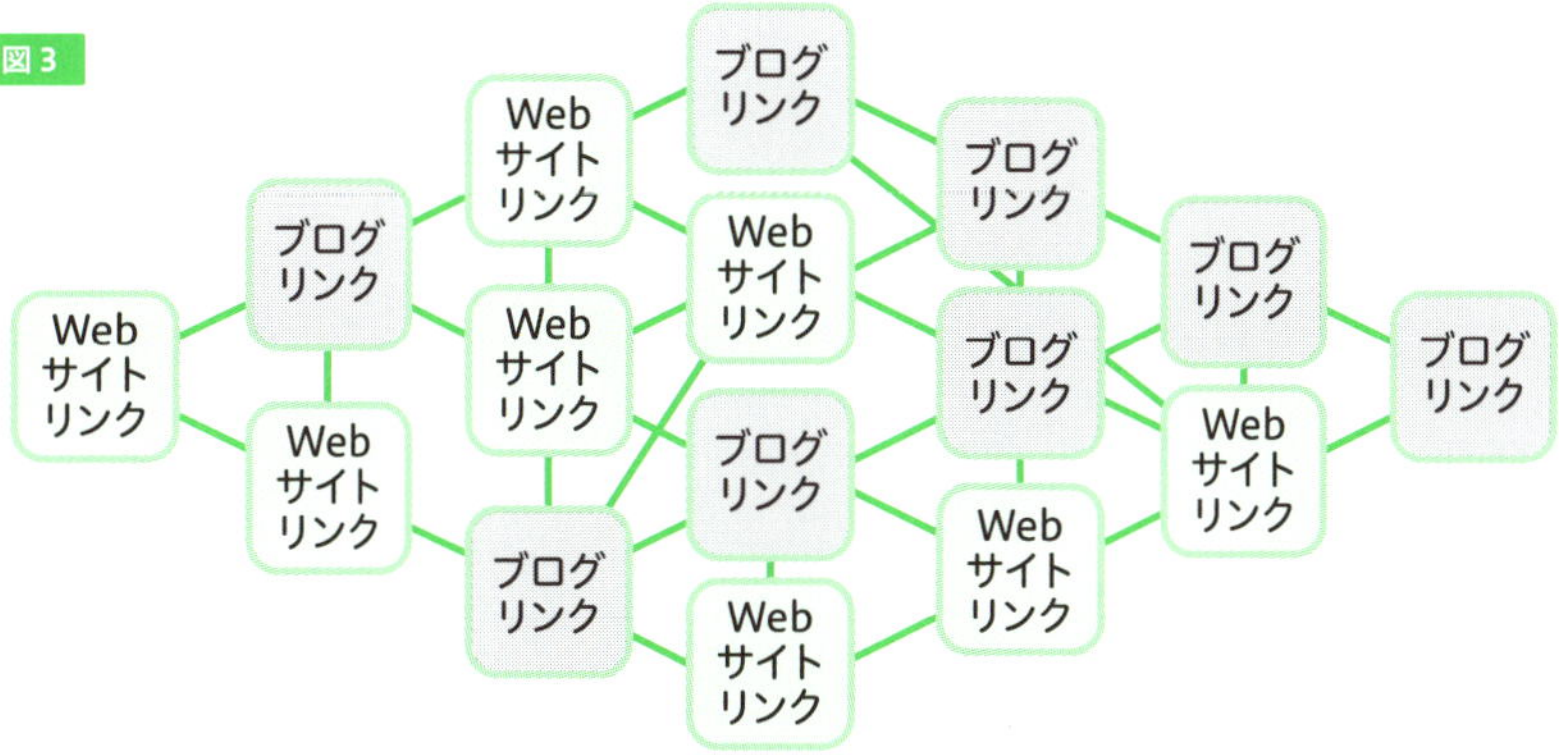

Google Search Consoleを使ってみよう

クローラーにサイトに来てもらうために、ツールを使おう。

Webクローラーに来てもらうようにしよう

リンクが多いサイトはクローラーに来てもらいやすいと述べましたが、自分でたくさんの外部リンクを張る行為は、Googleからペナルティを受けるおそれがあります。ペナルティはGoogleが検索ユーザーに不利益になる行為をしているサイトに科すもので、検索順位が下げられたり、検索結果に表示されなくなったりします。あくまで、ほかの人が「この記事を紹介したい」と思って張ったリンクが、検索順位アップにつながります。

　自分でリンクを張れないのにどうすればクローラーに来てもらえるかというと、Googleの提供しているサービス「Google Search Console」を使います。

　Search Consoleにサイトマップを登録することで、GoogleのWebクローラーが見に来てくれるようになります。

Google Search Consoleって何？

Search Consoleは、クローラーにサイトに来てもらうために利用するのも大事な使い方ですが、実際は別のことに使うほうが多いです。Search Consoleは2015年に名前が変わったのですが、以前は「ウェブマスターツール」といいました。ウェブマスターとはサイト管理者のことで、もともとはサイト管理ツールとして作られたのです。前述のサイトマップの登録以外では、主に次の用途があります。

・どんな検索キーワードで訪問されたか調べる
・クローラーの訪問頻度を確認する
・サイトの改善ポイントを確認する
・検索順位やクリック数を調べる

　Search Consoleを利用すると、これ以外にもいろいろなことがわかります。Google Analyticsでは「not provided」になってしまっているキーワードでもSearch Consoleならおおむねわかるようになっているので、より正確に検索キーワードを知ることができます。ただし、Search Consoleに検索キーワードが反映されるまでには24～48時間かかるため、すぐにキーワードを調べたいときにはGoogle Analyticsのほうが役立ちます。

Search Consoleに サイトマップを登録しよう

ここからは、Search Consoleにユーザー登録して、さらにサイトマップを登録する手順を説明します。Search Consoleを利用するためには、Googleアカウントが必要なので、持っていない人は先に手続きをしておいてください。

Google Search Consoleに登録してサイトマップを登録する

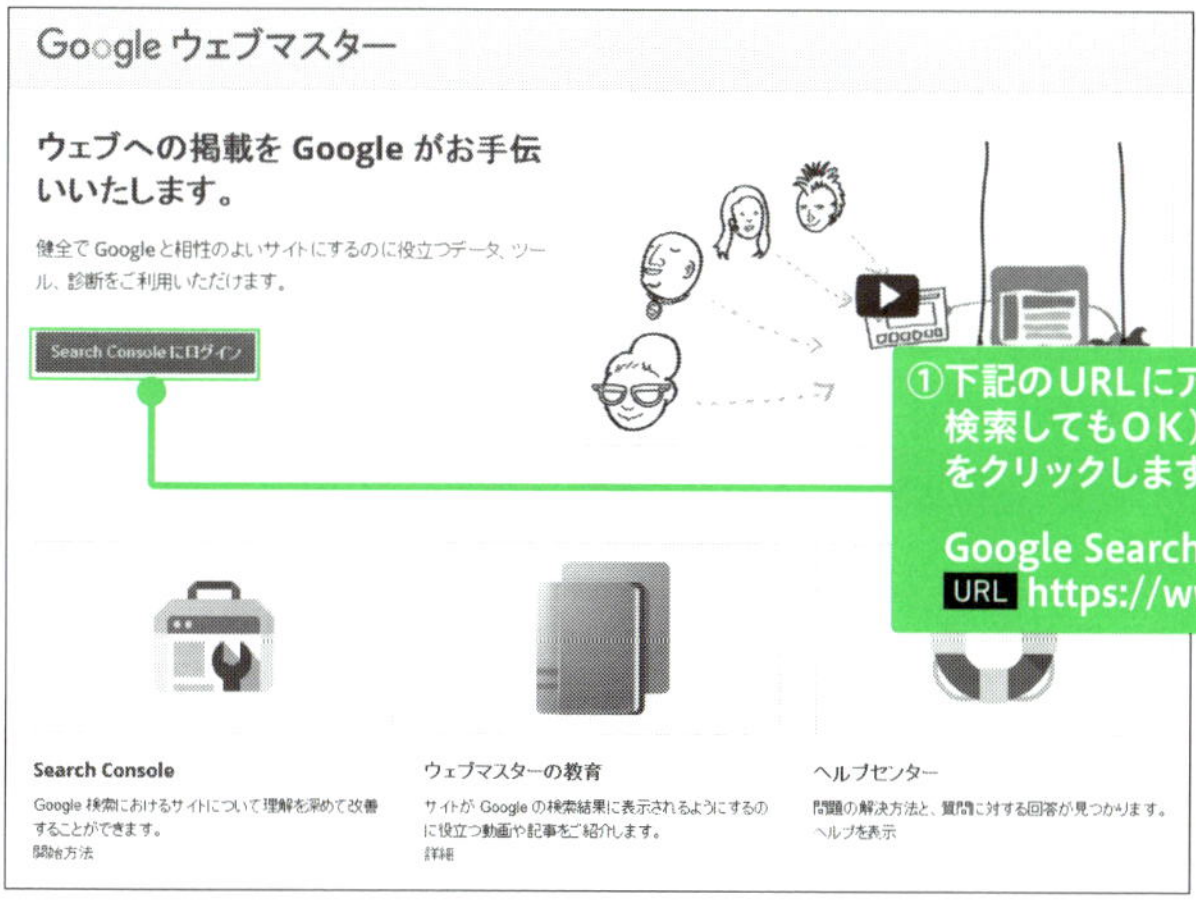

①下記のURLにアクセスして(「サーチコンソール」と検索してもOK)、「Search Consoleにログイン」をクリックします。

Google Search Console
URL https://www.google.com/webmasters/

②サイトのURLを入力して、「プロパティを追加」をクリックします。

次のページにつづく

③サイトの所有権を持っているか確認されるので、やりやすい方法を選んでください。Google Analyticsに登録しているなら、「別の方法」から「Google Analytics」を選ぶとスムーズです。

④所有権が確認されると、メッセージが表示されます。これで登録はこれで完了です。利用を開始するには、「続行」をクリックしてください。

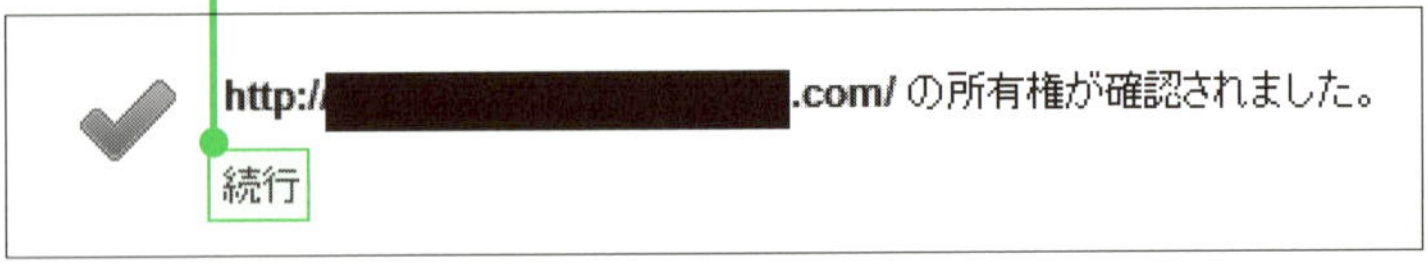

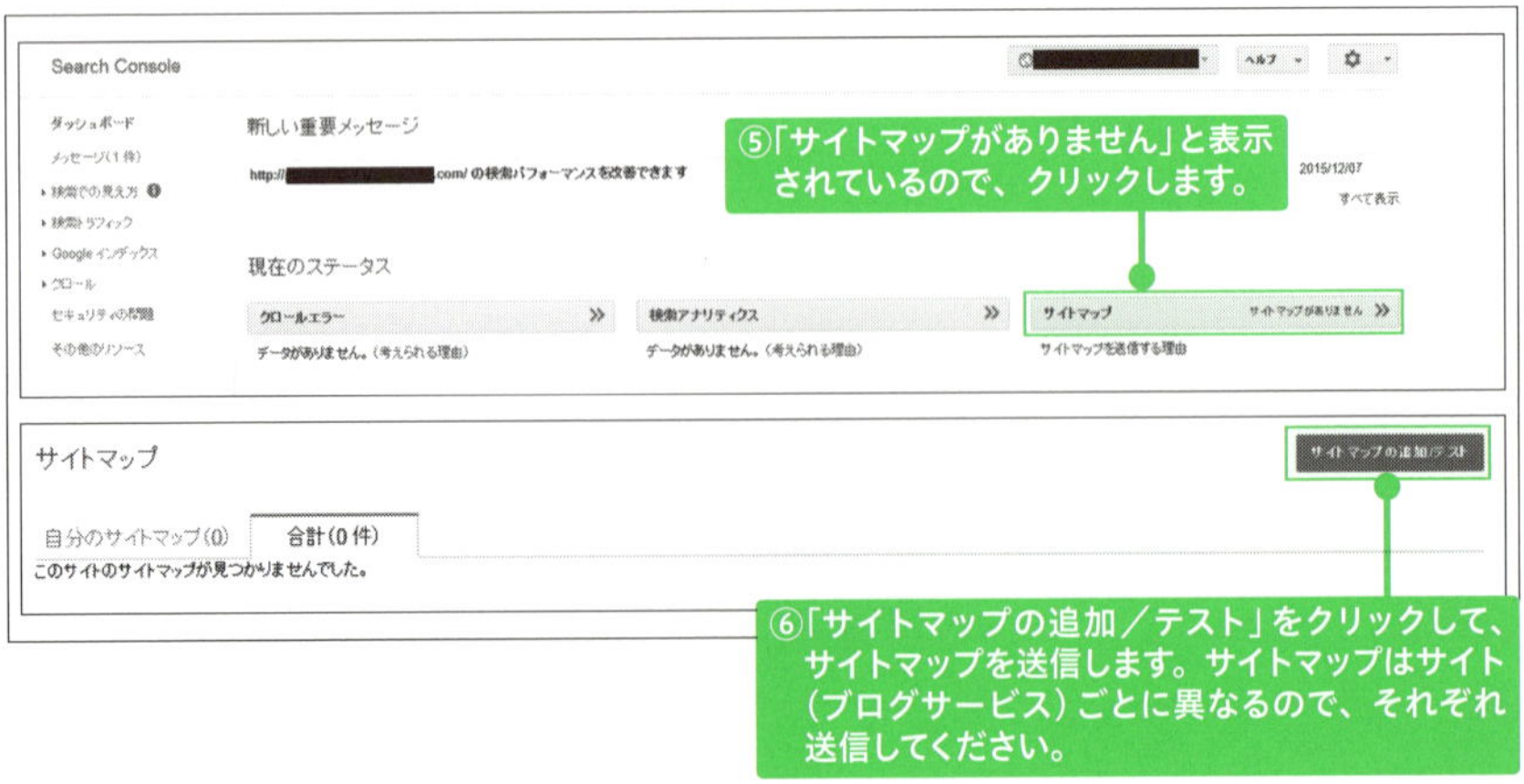

⑤「サイトマップがありません」と表示されているので、クリックします。

⑥「サイトマップの追加／テスト」をクリックして、サイトマップを送信します。サイトマップはサイト（ブログサービス）ごとに異なるので、それぞれ送信してください。

サイトごとに送信する必要がある

サイトマップは、利用しているブログサービスやプログラム（WordPressなど）によって異なるため、自身で使っているサービスに応じて送信するようにしてください。

たとえば「はてなブログ」なら、「はてなブログ×Search Console ×サイトマップ」と検索すれば、解説しているサイトやブログが見つかるはずです。また、WordPressの場合は「Google XML Sitemaps」などのプラグインを使うのが便利です（図4）。

Search Consoleは奥が深いので、もっと詳しく知りたい人は、ほかの書籍やWebサイトなどで勉強してみてください。

図4

Google XML Sitemaps

URL https://ja.wordpress.org/plugins/google-sitemap-generator/

SEO対策をしよう

アフィリエイトのSEOは、ユーザーの気持ちを想像するところから始まります。

どんなキーワードで検索されるか考える

クローラーに自分のサイトを知らせてからが、SEOの本番です。アフィリエイトにおけるSEOは、「狙ったキーワードの検索結果で上位表示させること」です。自分の書いた記事がどんなキーワードで検索されるかを考えるところから始めます。

そのためには、検索する人の気持ちになって考えなければいけません。検索する人が何を求めているのか、何が書かれていれば満足してくれるか、想像を膨らませてください。

検索する人の意図を読もう

アフィリエイトで報酬を得るには、紹介している商品やサービスを求めている人に来てもらわないといけません。

たとえば、自分の勤めている会社で、4月から入ってくる新人の歓迎会の幹事をすることになったとします。このようなとき、検索でお店を調べるだろうということは想像できると思います。では、なんと検索するでしょうか。

おそらく、「歓迎会」とだけ入力して検索する人は少ないでしょう。新人や同僚に喜んでもらうために、人気のお店を探そうとするはずです。当然、会社の近くのお店を探すことになります。そうすると、「地名(駅名)×歓迎会×人気」といったキーワードで検索するのではないでしょうか？

飲食店を紹介するアフィリエイトサイトなら、必ず記事に地名や駅名を入れなければいけないということがわかると思います。もう少し考えると、人数の情報もいりそうだ、と気がつきます。5人と20人のグループでは、お店の選び方が変わってくるためです。

どんなアフィリエイトでも、検索する人の意図を読んで書かなければ、検索上位に表示されることはほとんどありません。だからこそ、前述のペルソナの設定も重要になります。「この商品やサービスで悩みが解決する人は、どんな人なのだろう?」ということは常に考えるようにしましょう。

Column 自分の記事の順位を知るには

手っ取り早く検索順位をチェックするには、狙ったキーワードで検索するだけです。しかし、Googleの検索結果は人によって表示されるものが異なるので、要注意です。Google検索はユーザーの趣向に合わせて表示させる傾向にあるので、普段からよく見ているサイトが上位表示されやすくなります。自分のサイトはよく閲覧するでしょうから、ほかの人が検索したときよりも、よい結果になりがちです。そうならないように設定する方法もありますが、それよりもツールを使ったほうが便利です。

図5

筆者がよく使っているツールは「SEOチェキ！（せおチェキ）」で、3つのキーワードで自分の記事や、ライバルサイトが何位か調べることができます（図5）。

SEOチェキ！
URL http://seocheki.net/

SEOチェキ！は、一度に調べられるキーワードは3つまでですが、「GRC」というツールなら20個までチェックできます。

検索順位チェックツールGRC
URL http://seopro.jp/grc/

このツールはWebサービスではなく、アプリをダウンロードして使うものです。また、無料版と有料版があります。アフィリエイトを始めたばかりの人は、無料版で十分です。最初はこれで20個のキーワードだけを徹底的にウオッチしていくのがよいでしょう。収益が増えてきて、投資できるだけの金額を得られるようになったら、有料版を試してもいいと思います。

Wikipediaに負けない情報量に挑戦

検索上位に表示させるための方法としては、情報の網羅性も挙げられます。何かを調べようとしたとき、Wikipediaにたどり着いた人は多いと思います。Wikipediaが上位に表示される理由はいくつもありますが、その1つは、キーワードに関する情報をかなり網羅しているからです。

同じキーワードで検索した人でも、目的はバラバラです。たとえば「桜」というキーワードで検索する人は、何を思って検索するでしょうか。花見場所を探している人もいれば、桜の種類を知りたい人もいるでしょうし、曲のタイトルからアーティストを調べたいのかもしれません。検索エンジンは、なるべく多くの人が満足できそうなサイトを上位表示させることが多いです。

SEOやアフィリエイトの世界では、検索される頻度が高いキーワードのことを「ビッグキーワード」といい、これらでの検索結果で上位表示されると、検索流入は当然大きく増えます。

特にビッグキーワードで上位表示させるためには、情報が網羅されていることが必要です。そのため、必然的に文字数が増えてしまうことがあります。以前、あるビッグキーワードで上位を目指した際は、1本の記事で1万字ほど書いたことがあります。結果として、狙ったキーワードで最高3位になりました。そのときはびっくりするくらいの検索流入が発生して、収益もかなり増えました。しかし、競合が激しいキーワードなので、さらに情報量のあるほかの記事が増えてきて、10位以下になってしまいました。そこで情報を追加したら、また順位が上がりました。このように情報量がカギであることがわかります。

「Wikipediaには勝てない」と思っている人もいますが、それ以上の情報を網羅すれば、勝つことは夢ではありません。Wikipediaに勝つつもりで、情報を網羅してみてください。

ただし、Wikipediaに書かれていることをそのまま書いても絶対に勝てません。新しい情報、有益な情報を自分で見つけて書くことが重要です。

大切なキーワードはタイトルに

記事を丁寧に書くことは大切ですが、SEOにおいてはそれ以上にタイトルが重要です。その記事で最も狙っているキーワードは、必ずタイトルに含めてください。このとき、キーワードをタイトルに盛り込み過ぎると、内容がわかりにくくなるので注意です。

SEOでは、タイトルは32文字以内、できれば25文字以内が望ましいとされています。しかし、気にしすぎると不自然なタイトルになってしまうため、慣れないうちはあまり気にしなくて構いません(40文字以内にはしたほうがいいですが)。それよりも、伝わりやすいタイトルで、キーワードを自然に使うことを心がけてください。その結果として32文字くらいになるのが理想です。

Column タイトルを32文字以内にする理由

なぜ32文字という中途半端な数なのかというと、検索結果の画面に表示される文字数がそのくらいだからです。長いタイトルだと、部分的に省略されたり、最初や最後が切れた状態で表示されます。
また、人が1秒で読める文字数は10～15文字といわれています。情報が氾濫している今日では、1秒か2秒で自分に必要な情報かどうかを判断するともいわれています。2秒以内で読めるようにするためにも、30文字くらいにしておいたほうがよいということです。
筆者の場合は、タイトルに含めるキーワードは3つ以内、文字数は40文字以内を心がけています。タイトルに含められないキーワードは見出しに記載するようにしています。
最近の検索エンジンは非常に高性能になってきており、書かれている内容もほとんど判別できるという説もあるので、だんだん気にしなくてもいいようになってきています。これからのことを考えると、人を惹きつけるようなタイトルや見出しの文言になるよう、工夫してみるといいでしょう。

被リンクは自然に発生する

Googleが検索結果の順位を決める要素は、200以上といわれています。1つはキーワードですが、次によく挙げられるのが「被リンク」です。被リンクとは、ほかのサイトからリンクを張られている状態のことです。

図6でいえば、中心にあるブログは4つのサイトからリンクを張られています。リンクがゼロのブログと比べた場合、同じようなことを書いていても、検索上位に表示されます。

なぜ被リンクが検索順位に影響するかというと、リンクが多いサイトは、それだけよい情報を発信していると判断されるからです。自分がSNSでシェアしたくなる記事を考えてみるとわかると思います。

SNSやほかのサイトに紹介して

図6

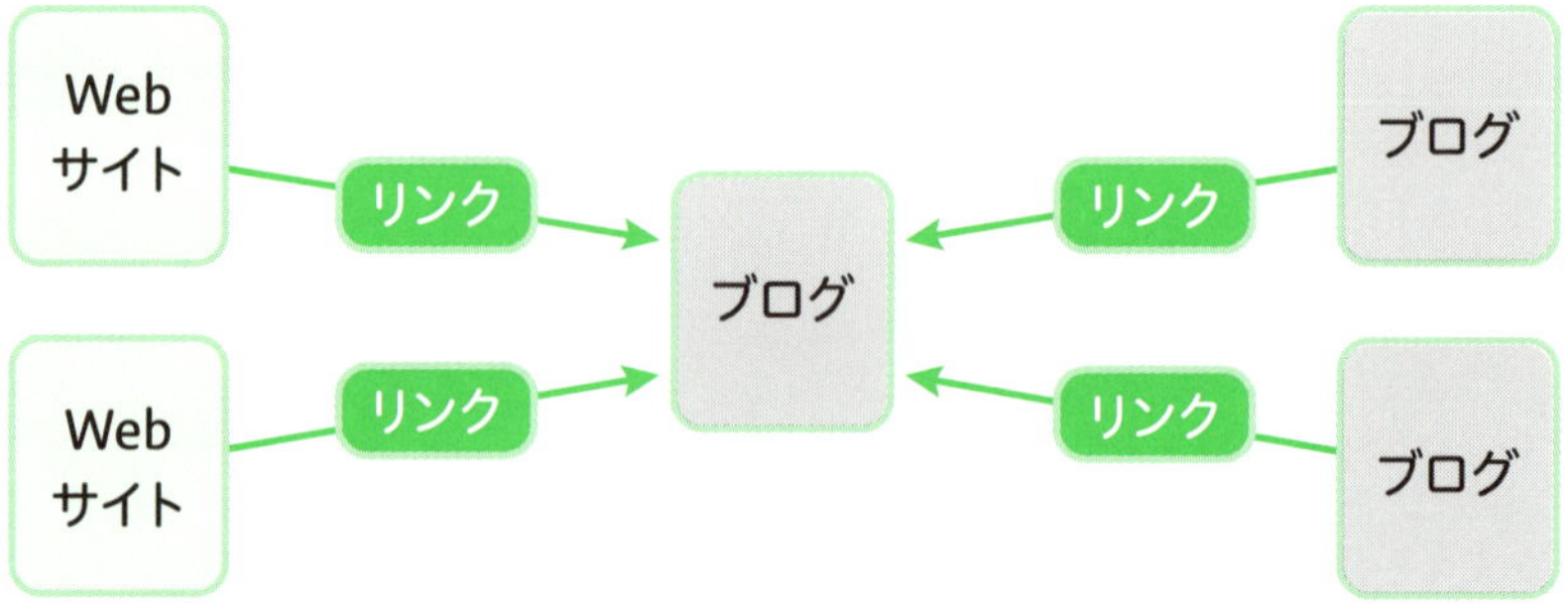

もらえるような、良質な記事を書く必要がありますが、自分の経験を丁寧に書けば、おのずと質は上がります。そして、よい記事には自然と被リンクが発生していきます。

Column 人工的な被リンクはNG!

以前は人工的に被リンクを増やすことで、上位表示させることができました。しかしGoogleが対策を施したことで、いまでは人工的な被リンクが多いサイトは検索結果に表示されないようになっています。

ALT属性もきちんと書こう

SEOの初心者でもできる施策の1つに、「ALT属性をきちんと書く」というものがあります。すごく地道な作業ですが、積み重ねが大切なので覚えておいてください。

ALT属性は、言い換えれば「代替テキスト」です。商品の紹介をした際など、自分で撮った写真をブログに掲載することがあるでしょう。そのときに、その写真は何を表しているのか、HTMLの編集画面に書きます。

具体例を挙げます。図7は、はてなブログの編集画面です。

「編集みたまま」の横の「HTML編集」をクリックすると、HTMLでの編集画面に切り替わります。この例では、「alt="f:id:suzukidesu23:20151125165220p:plain"」のダブルクォーテーション(" ")で囲まれた部分がALT属性と呼ばれる部分です。このままではただの文字列のため、検索エンジンは何の写真か理解できません。この写真は白馬三山と言われる山なので、ここを「alt="白馬三山"」と書き直します。

人に見えるところだと、画像がうまく読み込めないときに、写真の代わりに「白馬三山」の文字が表示されるようになります。ただちに検索上位につながるものではありませんが、Googleの画像検索では効果があります。

WordPressなら、「代替テキスト」という欄があるので、記入してください(図8)。

図7

図8

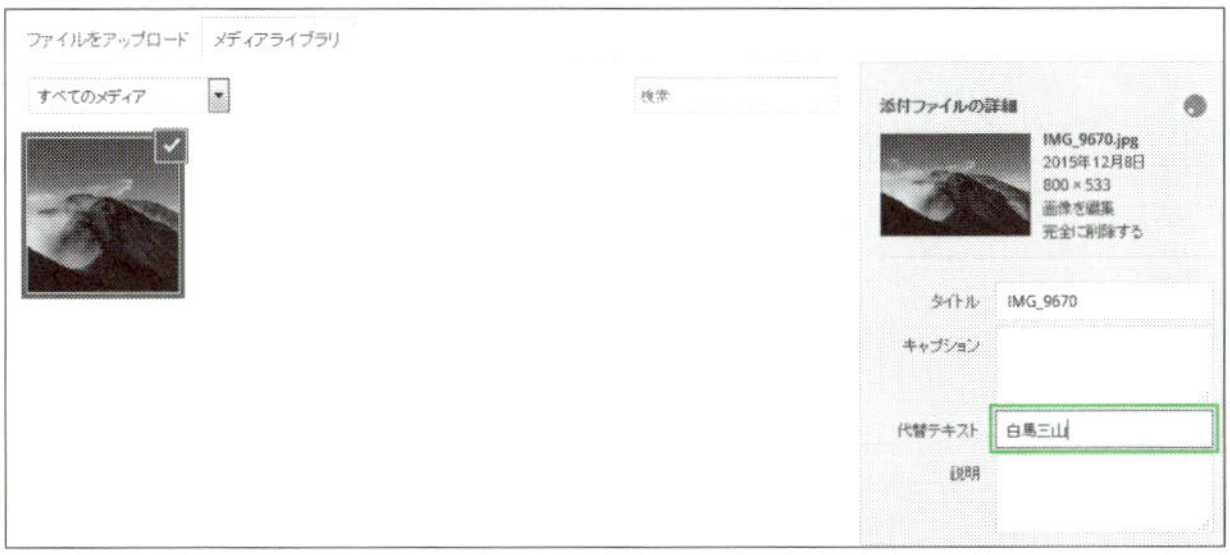

キーワードに悩んだら

検索キーワードを調べる便利ツールを紹介!

キーワードの検索ボリュームを比較する

たとえば「購入」と「買う」のような、同じ意味のキーワードが思い浮かんだとき、どちらで検索する人が多いかを調べられるツールがあります。それがGoogleトレンドです。

Googleトレンド
URL https://www.google.co.jp/trends/

「購入」と「買う」の検索ボリュームを調べた結果が図9です。「購入」のほうが圧倒的に検索ボリュームが多いことがわかります。

ただし、この例に限らず、必ずしも一方がよいとは限りません。自然な文になるようにすることのほうが大事ですが、文脈上どちらを使ってもよいときは、判断材料として有益です。

また、Googleトレンドのいいところは、関連キーワードや、最近ボリュームが増えているキーワードも教えてくれるところです。「温泉」で調べてみると、図10のような関連キーワードや注目キーワードが出てきました(2015年12月時点)。ここで人気のキーワードを知って、それについて詳しく書くということもできるわけです。

図9

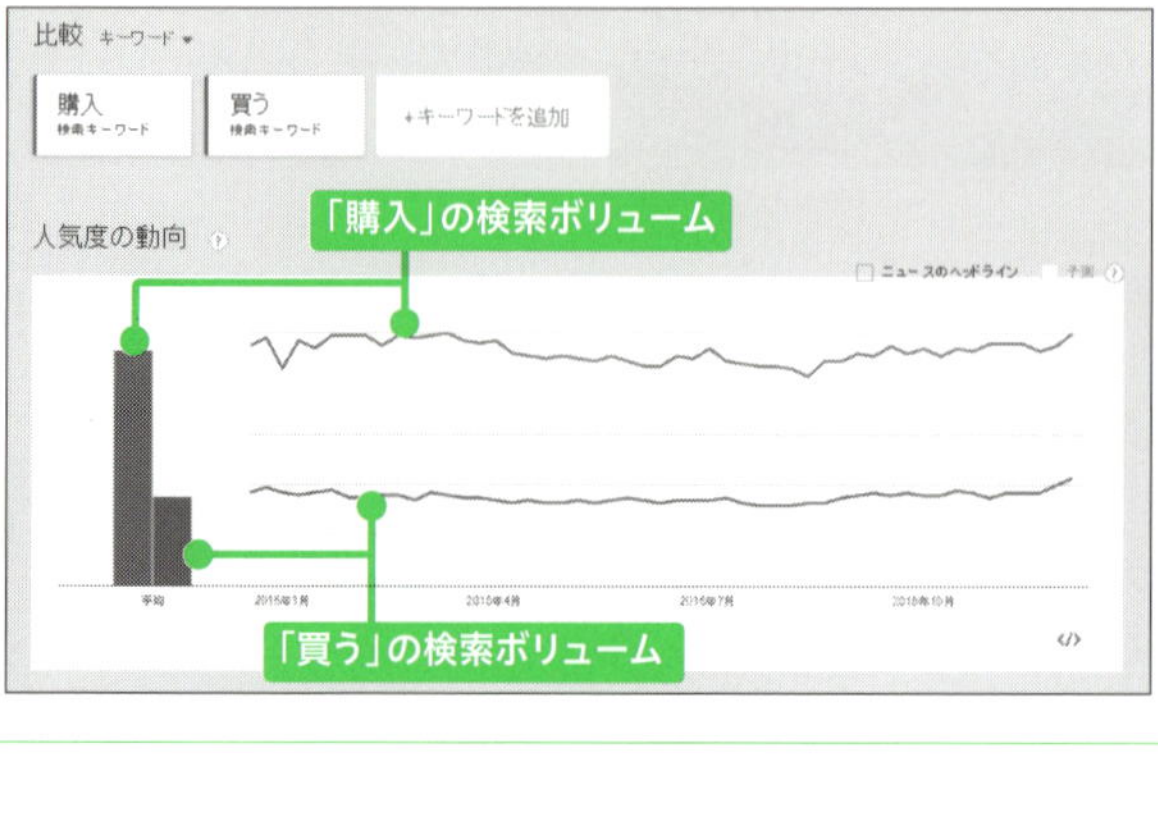
比較 キーワード
購入 検索キーワード
買う 検索キーワード
+キーワードを追加
人気度の動向
「購入」の検索ボリューム
「買う」の検索ボリューム

図10

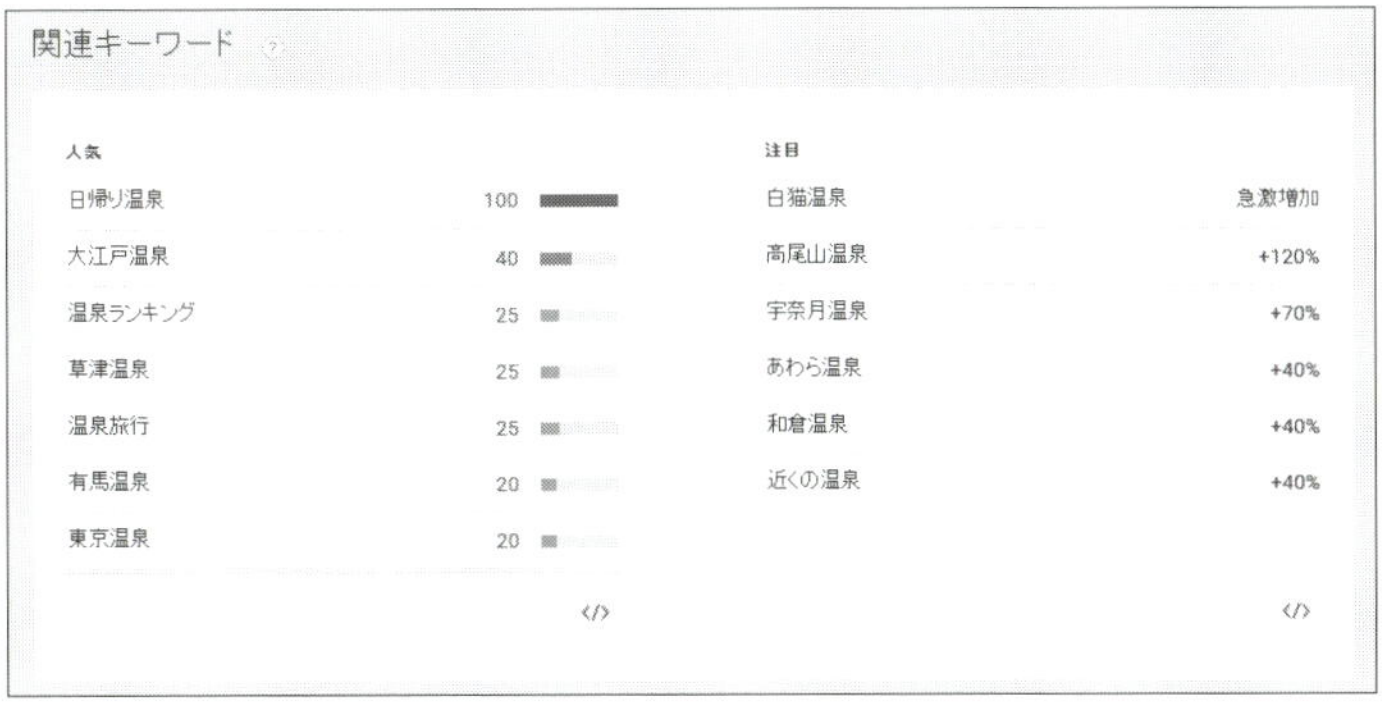
関連キーワード
人気
日帰り温泉 100
大江戸温泉 40
温泉ランキング 25
草津温泉 25
温泉旅行 25
有馬温泉 20
東京温泉 20
注目
白猫温泉 急激増加
高尾山温泉 +120%
宇奈月温泉 +70%
あわら温泉 +40%
和倉温泉 +40%
近くの温泉 +40%

サジェストキーワードを知る

サジェストキーワードは、検索キーワードを入力しているときに表示される、検索候補のことです。Googleで「温泉」を検索してみると、図11のサジェストが出てきました。

サジェストで表示されたキーワードは、多くの人が検索している言葉です。アフィリエイトでは、メインのキーワードが決まっていて、関連したキーワードを調べるときに役立ちます。

しかし、これを1つずつ調べるのは面倒です。そんなときは、「goodkeyword」というツールを使えば、サジェストをまとめて調べることができます。

goodkeyword

URL http://goodkeyword.net/

goodkeywordで「温泉」のサジェストを調べた結果が図12です。これなら大量のサジェストキーワードを知ることができるうえ、Googleトレンドの検索ボリュームも表示されます。関連キーワードに悩んだら使ってみるとよいでしょう。

図11

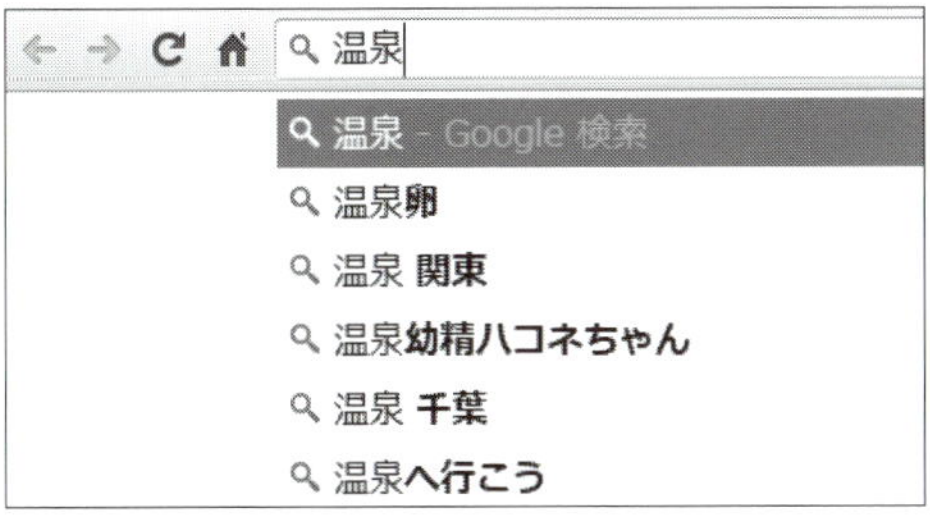
温泉
温泉 - Google 検索
温泉卵
温泉 関東
温泉幼精ハコネちゃん
温泉 千葉
温泉へ行こう

図12

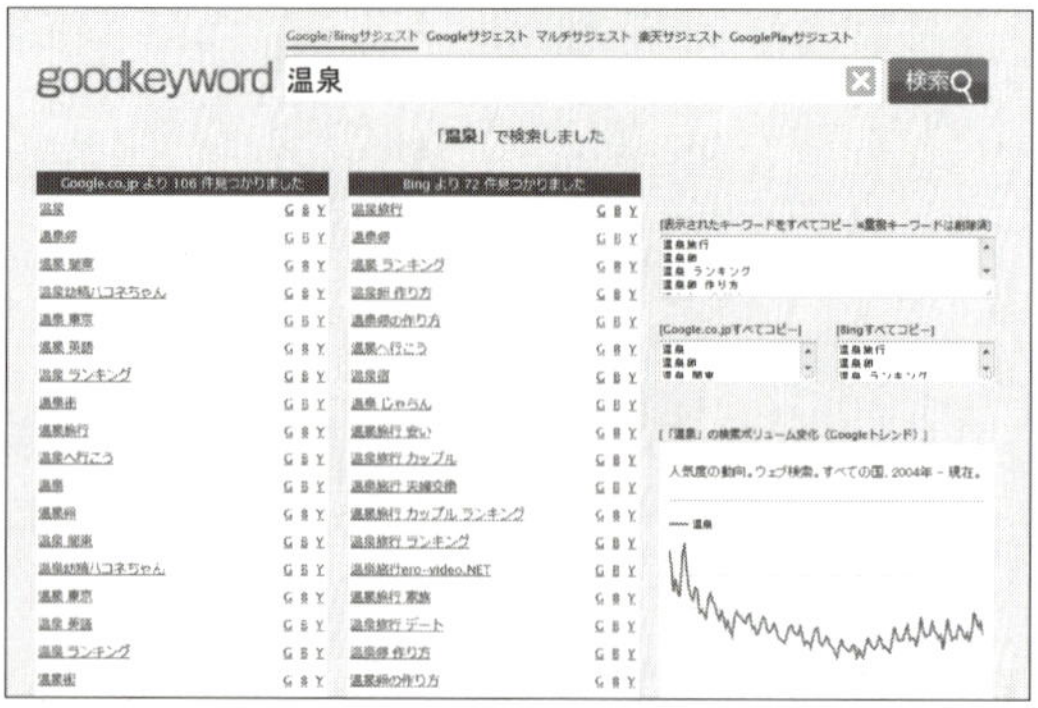

Googleキーワードプランナー

Googleキーワードプランナーとは？

ある程度アフィリエイトを続けている人がキーワードを調べる際、おそらく最も利用しているツールは「Googleキーワードプランナー」でしょう（図13）。

Googleキーワードプランナー
URL http://adwords.google.co.jp/KeywordPlanner

本来キーワードプランナーは「Google AdWords」という、Googleに広告を出す人向けのサービスの中の機能なのですが、広告を出さない人でも使えるようになっています。

図13

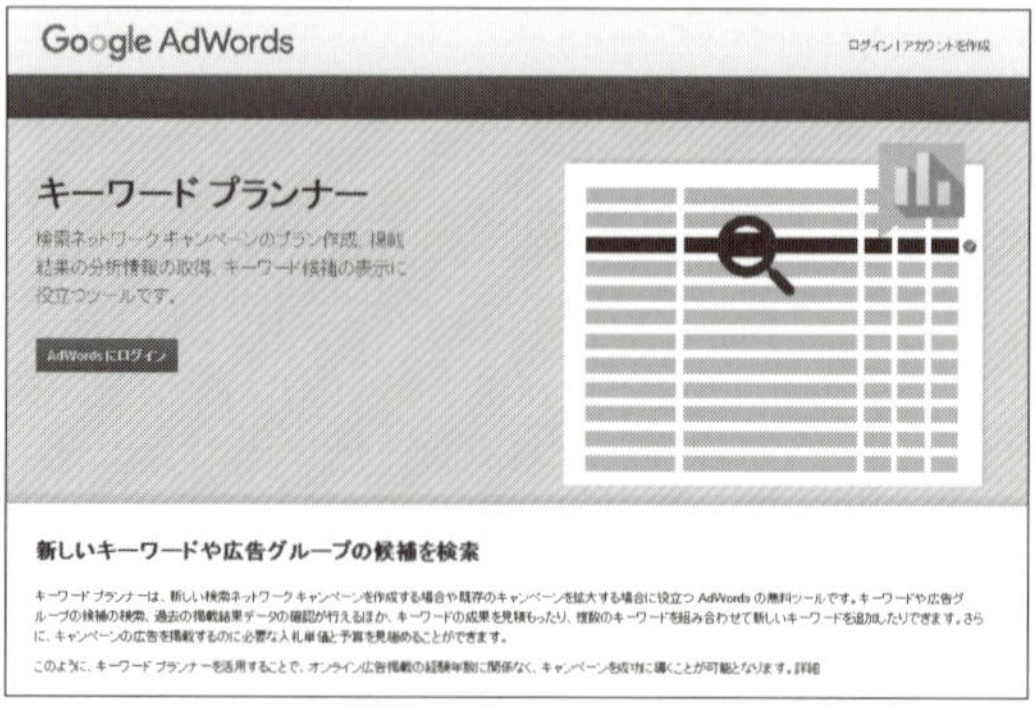

Googleキーワードプランナーを利用する

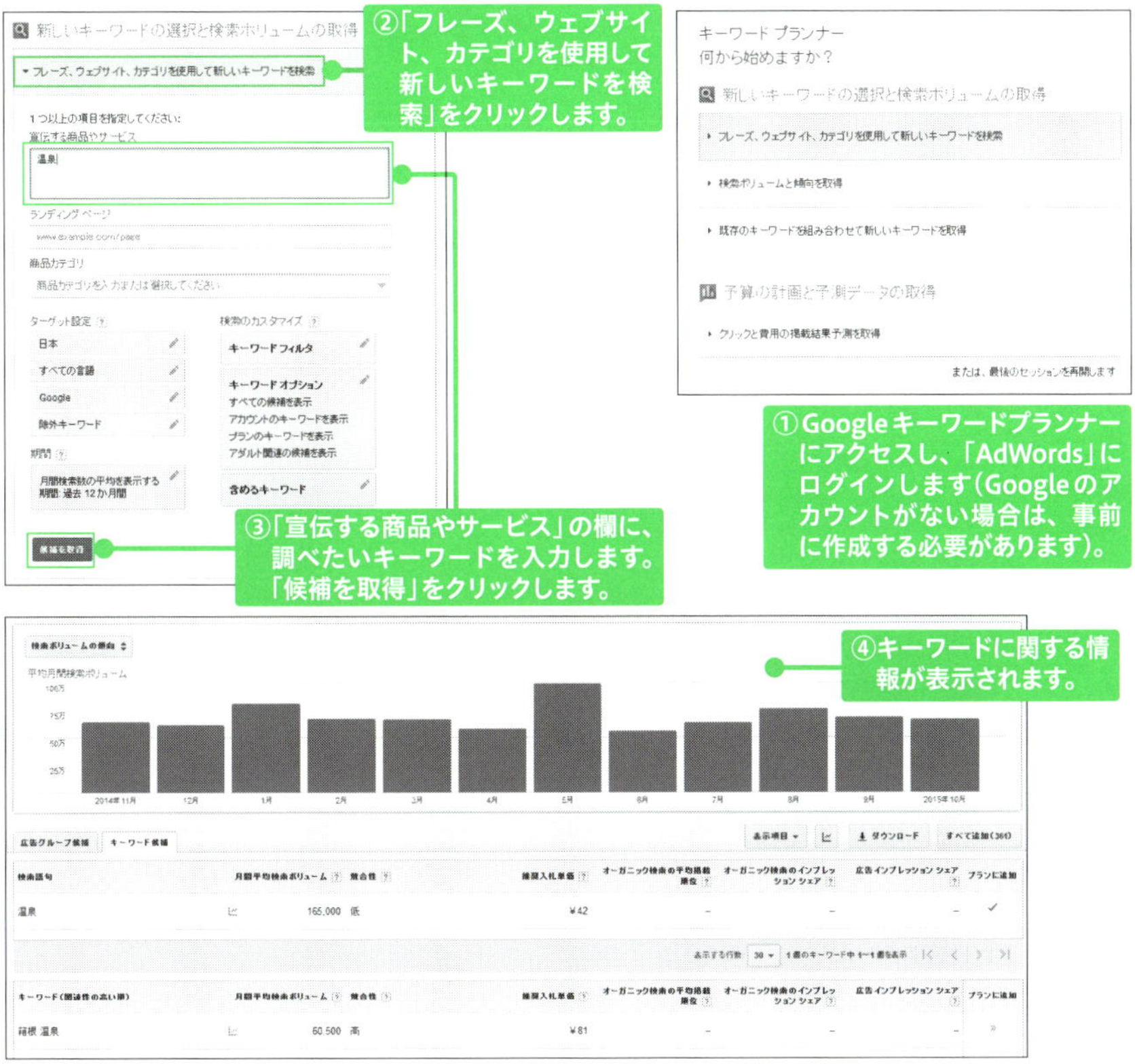
①Googleキーワードプランナーにアクセスし、「AdWords」にログインします（Googleのアカウントがない場合は、事前に作成する必要があります）。
②「フレーズ、ウェブサイト、カテゴリを使用して新しいキーワードを検索」をクリックします。
③「宣伝する商品やサービス」の欄に、調べたいキーワードを入力します。「候補を取得」をクリックします。
④キーワードに関する情報が表示されます。

使い方はさまざまですが、代表的な利用法を説明します。

●キーワードプランナーでわかること

このように、月間の検索ボリュームがグラフで表示され、ここでは「温泉」というキーワードの月間平均検索ボリュームも表示されています。また、関連したキーワードの検索ボリュームもわかるようになっています。

「競合性」や「推奨入札単価」はSEOで検索流入を考えるうえではあまり気にする必要はないですが、推奨入札単価が高いキーワードほどアフィリエイト向きといえます。ただし、そのキーワードを狙っているライバルが多いので、無理に狙っても結果を出すのは難しいでしょう。

SEOに頼らずアクセスを上げる方法

余裕が出てきたら、SEO以外の手段も使おう!

SNSやSEO以外のアクセスアップ方法

アフィリエイトにおいて、アクセスアップの一番よい方法はSEOで検索流入を増やす方法です。しかしほかの方法でアクセスを上げることが無意味かといえば、そんなことはありません。成約率は気にする必要がありますが、アクセスは多ければ多いほど、収益に結びつくチャンスが増えます。また、自然な被リンクを獲得するためには、検索流入以外の方法のほうが効果が出やすい傾向にあります。

読者にRSSリーダーを活用してもらおう

「Feedly」などのRSSリーダーについては、第3章で説明しました。登録してもらうことで、サイトを繰り返し見てもらえるようになります。RSSの登録者を増やすためには、登録ボタン(SNSならシェアボタン)の設置が欠かせません。

図14の一番右にあるのがFeedlyの登録ボタンです。最初のうちは何人が登録しているのか見えないようにして、ある程度数が増えてきたら、登録者数がわかるボタンに切り替えるのがコツです。50人以下だと人気がないサイトだと思われてしまい、登録されない可能性がありますが、50人を越えたあたりから登録されやすくなります。図13は筆者のブログに設置しているもので、登録者数が134人になっていますが、50人になるまで半年以上を費やしました。しかし、50から100になるのは1カ月もかかりませんでした。

利用しているブログサービスやツールによって、ボタンの設置方法は異なりますが、対応していないことはまずありません。ぜひFeedlyボタンも設置してみましょう。

ブログランキングに登録しよう

「人気ブログランキング」や「にほ

んブログ村」という人気ブログのランキングサイトがあります。自分で登録することでランキングに参加でき、上位になると1日で何百という流入が発生するカテゴリーもあるそうです（あいにく筆者が登録しているカテゴリーでは、上位になっても数十しか流入が発生しないのですが……）。

1日30の流入でも、月間では900PV増えることになるので、やってみるだけの価値はあると思います。また、ランキング上位になると、同じカテゴリーのブログを運営している人が見に来てくれて、そこから交流が生まれることもあります。

図14

人気ブログランキング

URL http://blog.with2.net/

にほんブログ村

URL http://www.blogmura.com/

余裕が出たらメルマガを発行してみよう

記事の更新に余裕が出てきたら、メルマガを発行してみるのもよいでしょう。自分でメルマガの読者管理をするのはかなり大変なので、「まぐまぐ！」などのメルマガ配信サービスを使うと、管理も発行も楽です。

まぐまぐ！

URL http://www.mag2.com/

あくまでも最初はブログやサイトに専念するのがいいのですが、中にはメールで更新を教えてもらいたいという読者や、ブログに書けない裏話などを期待する人もいます。ただし、週に1回以上の配信ができないのであれば、メルマガはあきらめたほうが無難です。配信頻度が低いと、せっかく登録してくれた人を裏切ることになるので注意してください。

アクセス数が急に下がった！なんで？

焦らず落ち着いて対応することが大事！

まずはGoogle Search Consoleをチェック

アフィリエイトをしていると、突然アクセス数が下がってしまうことがあります。要因はいろいろとありますが、まずは何からのアクセスが落ちたのか確認をしましょう。

このときに検索流入以外のアクセスが落ちているのなら、あまり気にしなくても構いません。アフィリエイトサイトは検索流入を意識して作るものなので、ほかのアクセスはおまけと思っていたほうが気分的にも楽です。

もし検索流入が落ちている場合は、Search Consoleで警告やメッセージが届いていないか確認してください。

図15は、実際にSearch Consoleに届いたメッセージです。「Googleのボットが巡回できない状態」というのは、そもそもサイトにアクセスできない状態を作ってしまったということです。

Search Consoleはサイトの状態を見るのがメインの使い方ですが、このような重要な通知が来ていることもあるので、こまめにチェックする習慣をつけておきましょう。

図15

Search Console
iiyudane.com
ヘルプ
ダッシュボード
メッセージ
検索での見え方
検索トラフィック
Google インデックス
クロール
セキュリティの問題
その他のリソース
メッセージ
削除
表示
すべて
スター付き
アラート
表示
25 列
1 - 4/4 件
http://iiyudane.com/: Googlebot がサイトにアクセスできません 2015/09/25
http://iiyudane.com/: Googlebot がサイトにアクセスできません 2015/09/24
http://iiyudane.com/: Increase in not found errors 2014/07/31
Your site http://iiyudane.com/ is now linked to a Google Analytics web property. 2014/06/28

自作自演のリンクを作っていないか

被リンクは検索順位を上げるのに効果的ですが、自作自演でリンクを作っていた場合は、Googleからペナルティ（検索順位を下げられる、あるいは検索結果に表示されない）を与えられてしまう可能性が高いです。この場合は、Search Consoleのメッセージとして届くときと届かないときがあります。

届いている場合は解決方法があります。基本的には自作自演をしていたリンクを解除して、「再審査リクエスト」を申請することで解決します。ただし何回も同じことを繰り返していると、再審査リクエストをしても受け入れてもらえなくなります。最初から自作自演のリンクを張らないようにしてください。

なお、他人から勝手に大量にリンクされてしまい、ペナルティを受けることもあります。そうなる前に、Search Consoleで不自然なリンクはないか、定期的に確認してください。もし身に覚えのないリンクがたくさん張られていたら、Search Consoleの「リンク否認ツール」で減らします。このとき、有効なリンクまで否認してしまわないように注意してください。

リンクを多く張り過ぎてもペナルティになる

悪気がないのにペナルティを受けやすい例として、「リンク集」が挙げられます。筆者はあるキーワードでGoogle検索の結果が2〜4位になっていた時期がありました。順調に検索流入が増えていたのですが、便利だと思ってそのキーワードに関するリンク集を作ったところペナルティを受け、いきなり100位よりも下にされたことがあります。このときはSearch Consoleにメッセージが届かず、自分で原因を推測してリンク集を削除し、順位は回復しました。1ページに10個や20個のリンクでペナルティを受けることは滅多にありませんが、何百というリンクを張るとペナルティを受けることがあるので、注意してください。

重複コンテンツも要注意

同じような内容の記事がいくつもあると、低品質な記事と見なされ、ペナルティを受けて検索順位が落ちることがあります。正確には、同じような記事というよりも、同じようなコンテンツが複数ある場合です。

たとえばあるチェーン店を行っている企業のアフィリエイトをするために、店舗の紹介として店舗単位の記事を作成したとします。このときに住所と電話番号だけしか違わないページを量産してしまうと、重複コンテンツと判断される可能性が高いです。このような場合は、それぞれの記事にオリジナルの文章をつけるようにしてください。

　また、コピーコンテンツもペナルティの対象となります。当たり前ですが、面倒だからと他人の記事をコピーして、そのまま掲載してはいけません。まるごとのコピーではなく、多少文章を変えたとしても、ペナルティを受けます。たとえば「です・ます調」（敬体）から「だ・である調」（常体）に変化させたり、順番を変えたりした程度なら、Googleは見抜きます。

Googleのペナルティ以前に、著作権法違反という立派な法律違反です。絶対に人のコンテンツや記事を盗んではいけません。

手っ取り早く成果を上げようとすると、ペナルティになりやすいから気をつけてね。

Column　ライターとして収益を得る

広告収入以外で、ブログを起点として収益を出すことも可能です。たとえば本書の出版も、ブログをしていたからできたことです。書籍を出せば、当然ながら印税がもらえます。これもブログに関係する収入といえるでしょう。
以前、あるサイトで記事を書き、報酬をいただくというライターもしていました。これもブログを読んだ方から依頼があって実現しました。特に、専門的なサイトを作っていれば、声がかかる機会は増えるでしょう。Webライターとしての収益は1記事1000円～2万円と幅広いのですが、一番稼いだ月で5万円くらいです。1本あたり1500文字の記事を6本。書き、20時間くらい費やしたので、時給2500円くらいになりました。筆者のまわりでもブログがきっかけで記事の依頼を受けたという人が何人かいるので、そういうことがあるかもしれませんよ。

Chapter 6
もっと稼ぎたい人のために

- 成約率と成約ポイント（成約地点）を知ろう
- 成約率を高める方法を知りたい！
- ユーザーの視点で考えよう
- 広告主の視点で考えよう
- 継続して安定した収入を得るためには
- ネタに詰まったら
- 稼ぐためのブログと記事の作り方

成約率と成約ポイント（成約地点）を知ろう

案件の成約ポイントを把握することが大切!

成約率を意識しよう

3カ月を経過してくるころには、徐々に成果が発生してくるはずです。といっても、週に1～2件くらい、月に5～8件くらいだと思います。しかし報酬が確定して成約に至る数はさらに少ないかもしれません。金額が少なくても、成果が出るのは本当にうれしいことですので、素直に喜びましょう。しかし、月5万円よりも稼ぐことを目指すのであれば、成果の発生ではなく、成果がどれだけ確定して成約に至ったのか、必ず見直すようにしてください。

そして、成約率を必ず確認するようにしましょう。10件の成果が発生して、1件承認されれば、成約率は10％です。しかし、10％の成約率では儲かる確率は低いです。最低でも30％以上、できれば50％以上になる案件に切り替えていくことを検討してください。

成約ポイントを必ず確認する

過去に筆者が挑戦した案件で、成約率3％未満というものがありました。はじめは、広告主がごまかしているのではないかと思いましたが、原因は成約条件が悪すぎたことでした。1件あたり2500円の報酬が出るものでしたが、チャレンジするだけ無駄な広告だったと思っています。

いくら単価が高くても、成約条件が悪ければ報酬はほとんど発生しません。必ず成約となるポイント（成約地点）を確認してください。1章で触れたクレジットカードがよい例で、申し込みの段階で成果は発生しますが、申し込んだ人が審査に通らなければ成約には至りません。ここではもう少し詳細に見てみます。

図1のとおり、一般的なクレジットカードのアフィリエイトには、承認に至らないリスクがあります。しかしそれでも、まだ成約率が高いジャンルです。さらに成約ポイントが悪い案件は数多くあります。もちろん、もっと成約ポイントのよい案件もたくさんあります。

図1

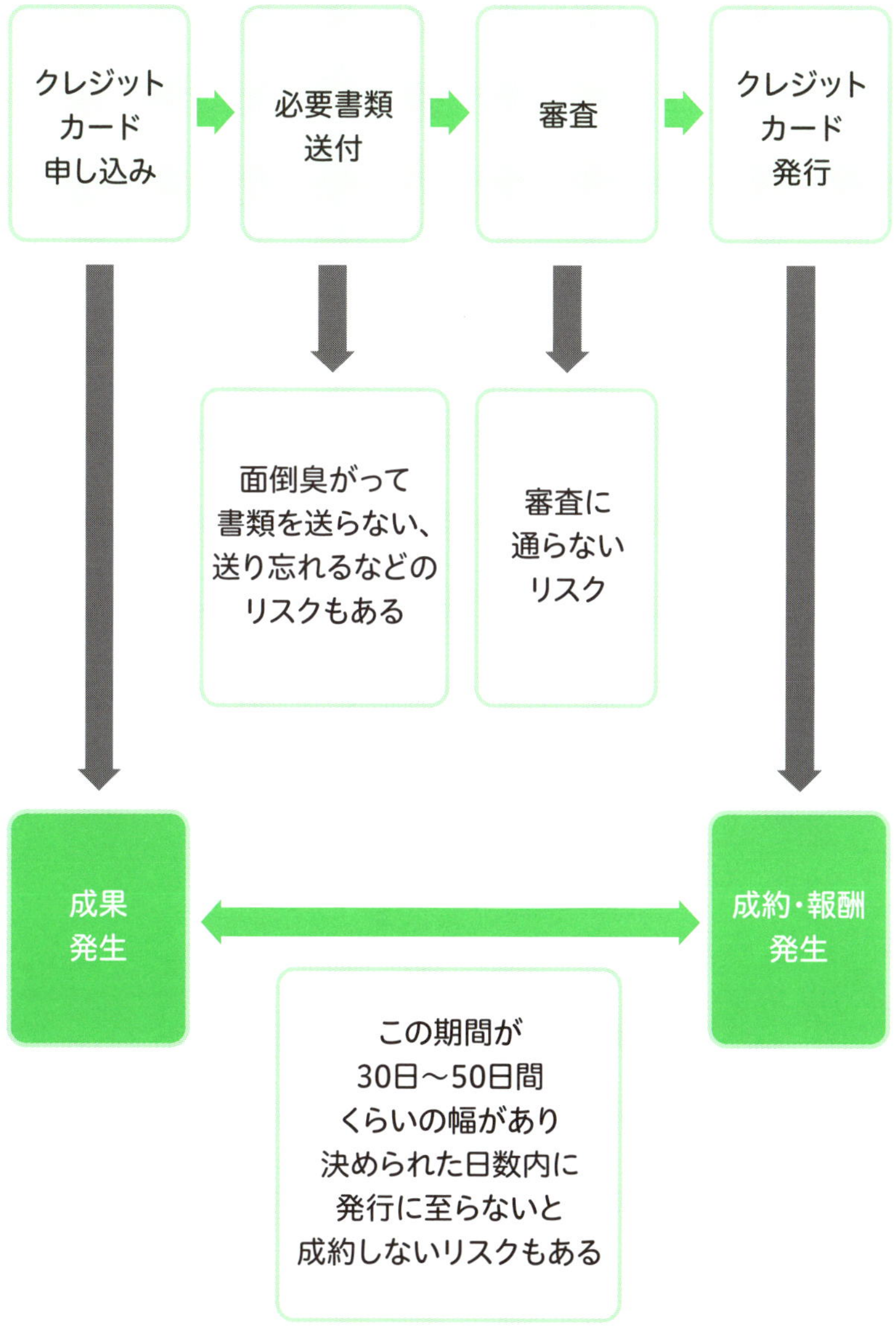
クレジットカード申し込み
必要書類送付
審査
クレジットカード発行
面倒臭がって書類を送らない、送り忘れるなどのリスクもある
審査に通らないリスク
成果発生
成約・報酬発生
この期間が30日〜50日間くらいの幅があり決められた日数内に発行に至らないと成約しないリスクもある

成約率を高める方法を知りたい！

成約率を高める3つの方法を教えます。

方法① 対象者を考える

ここからは、成約率を意図的に高める方法を解説していきますが、その前にクレジットカードのアフィリエイトにおける、典型的な悪い例を紹介しましょう。

自分のサイトの参考にするためにいろいろなアフィリエイトサイトを見ていたら、「審査に落ちた人でも通りやすいクレジットカード特集」というものを見つけたとします。それを真似て記事を書いたところ、成果が発生してもまったく承認されないという状態に。

これは当然です。一度審査に落ちた人が別のカードに申し込んだからといって、審査に通ることは非常に稀です。ターゲットをあきらかに誤っているということになります。

ということは、審査に通った人、つまりすでにカードを持っている人を狙うことになります。たとえば、ライフスタイルに応じて提案したり、入会キャンペーンを紹介したりして訴求することが考えられます。具体的には、「このスーパーマーケットを利用しているなら、このカードがお得ですよ」とか、「この鉄道を利用しているなら、このカードで定期券を購入すればポイントが貯まってお得です」というように、ある人のライフスタイルを想像して提案を行っていけばよいわけです。

このように、記事の内容によって成約率を高めていくことは可能です。

方法② 成約率の高い案件を選ぶ

2つ目は単純で、成約率の高い案件を選ぶ方法です。

たとえば物販系のアフィリエイトを行う場合で、似たようなネットショップのAとBがあったとします。Aの支払い方法は「銀行振込・電子マネー・コンビニ決済・クレジットカード」です。Bの支払い方法は「クレジットカード」のみです。どちらも同じ程度の知名度であり、商品も同じで報酬率も一緒です。どちらを選びますか？

ユーザーの利便性から考えたら絶対にAですし、きっとネットショップとしての売上も高いでしょう。しかしアフィリエイターとして見るなら、Bを選ぶほうがよいこともあります。

理由は簡単で、カード決済しかなければ、必ずその場で支払いされるからです。物販系の成約ポイントはほとんどの場合、支払いが確認された時点です。

銀行振込やコンビニ決済は支払いまでの期間があります。その間に考え直してしまう人もいるため、キャンセルされる確率が高くなります。

このような場合は、カード決済のみのネットショップを選んだほうが、よい結果になるでしょう。

実際、筆者が取り組んでいる物販系の案件は、支払い方法はカードだけのところがほとんどです。それを知るためには、そのネットショップを利用したり、隅々まで読んだりする必要があります。自分で使ってみるのは、アフィリエイトの基本です。

方法③ ワクワクさせる

一番効果がある方法は、読者を「ワクワクさせる」ということです。ネットで商品やサービスを申し込んだとき、それが使えるようになるまで「待ち遠しくてたまらない」という気持ちになった経験があるのではないでしょうか。

商品やサービスを申し込んだ人がワクワクするような気持ちになれば、キャンセルされる確率はかなり減ります。自分ならどういう記事にワクワクするのか、考えてみてください。

以前、筆者の紹介した温泉宿を利用してくれた人にお会いしました。「写真を見て、こんな温泉宿に泊まりたいと思った」「実際に泊まって感動しました！」と言ってくれました。この場合は写真で宿の魅力を引き出し、ワクワクさせることに成功したわけです。

このように、アフィリエイトサイトでもよい経験をした人はリピーターになってくれます。どんな言葉や写真で説明すればワクワクしてくれるか、常に意識して記事を書いてください。

ただし、ウソを並べてはいけません。購入した人がだまされたと思い、二度とサイトを利用してくれなくなる可能性があります。それどころか、ネット上に「このサイトはウソつきだ！」と書かれるリスクもあります。

ユーザーの視点で考えよう

ユーザーの知りたいことは、
自分で判断しないように!

表現方法は文章だけではない

ブログでもほかのサイトでも、文章だけが表現方法ではありません。写真や動画も立派な表現方法です。文章では説明しにくいことも、写真や動画なら非常にわかりやすくなることがあります。ユーザー視点に立って、文章よりも写真やイラスト、動画のほうがわかりやすいと思えば、どんどん使うようにしてください。

例を挙げると、うどんの作り方を紹介する場合、文で「小麦粉をモチモチするくらいまで練ってください」と書いてあるだけのサイトと、動画で「これぐらいモチモチするまで練ってください」と説明しているブログでは、後者を見たい人が多いのではないでしょうか。特にはじめてうどんを作る人は、「モチモチするまで」というようなあいまいな言葉では、想像がつきません。それを動画で見せることで、親切だと思ってくれ、リピーターになる可能性も高くなります。

ダイエットなら、効果だけを文章で訴求するよりも、ダイエットを始める前と後の写真を並べたほうがインパクトが増しますよね。ダイエット関連の広告で必ず「ビフォー・アフター」があるのは、それだけ人目を引くからです。

ユーザー視点というのは、ユーザーにいかにわかりやすく伝えるか、ということであり、丁寧に説明するだけではないということを常に頭に入れておいてください。

知っていて当然だと考えない

アフィリエイトは自分が得意なジャンルに絞るのが一番よいのですが、特定のジャンルに詳しくなってくると、つい「ほかの人も知っていて当然」だと思って、説明を省いてしまうことがあります。

詳しい人が陥りやすいのが、専門用語を連発してしまうことです。専門用語は、パソコン関連などの「カタカナ語」だけではありません。たとえば「小さじ一杯」というのも、普段料理をしない人にとっては専門用語に感じます。くどいぐらい、「本当にこの言葉で意味が通じるのか」ということを考えてください。

ユーザーは、びっくりするくらい単純なことを調べたいと思っていることも多いです。一度、「Yahoo!知恵袋」を1時間くらい見てみてください（図2）。

「普通、そんなこと知ってるだろう」と思うような質問が、必ず見つかります。実のところ、Yahoo!知恵袋をチェックしているアフィリエイターはかなりいます。アフィリエイターにとって情報の宝庫だといえるかもしれません。

できれば、書いた文章を全然詳しくない人に読んでもらって、感想をもらうようにしてください。

主婦の方が化粧品のレビューを書くなら、旦那さんに読んでもらうのもよいでしょう。私はよく妻に読んでもらって、ダメ出しをもらっています。

「女性なら知っていて当然」「男性なら知っていて当然」、大学生なら、社会人なら、などなど……。当然と思われるのが嫌だから、検索サイトを利用したことがある人もいるのではないでしょうか。人に聞きにくいときに使うものだからこそ、知っていて当然と考えてしまうことは、チャンスを減らすことになります。

もちろん、ペルソナを設定したうえで、ある程度専門的な用語を使い、ユーザーを選別するという方法もあります。しかしそれは十分アフィリエイトのコツをつかんでから行うようにしてください。

図2

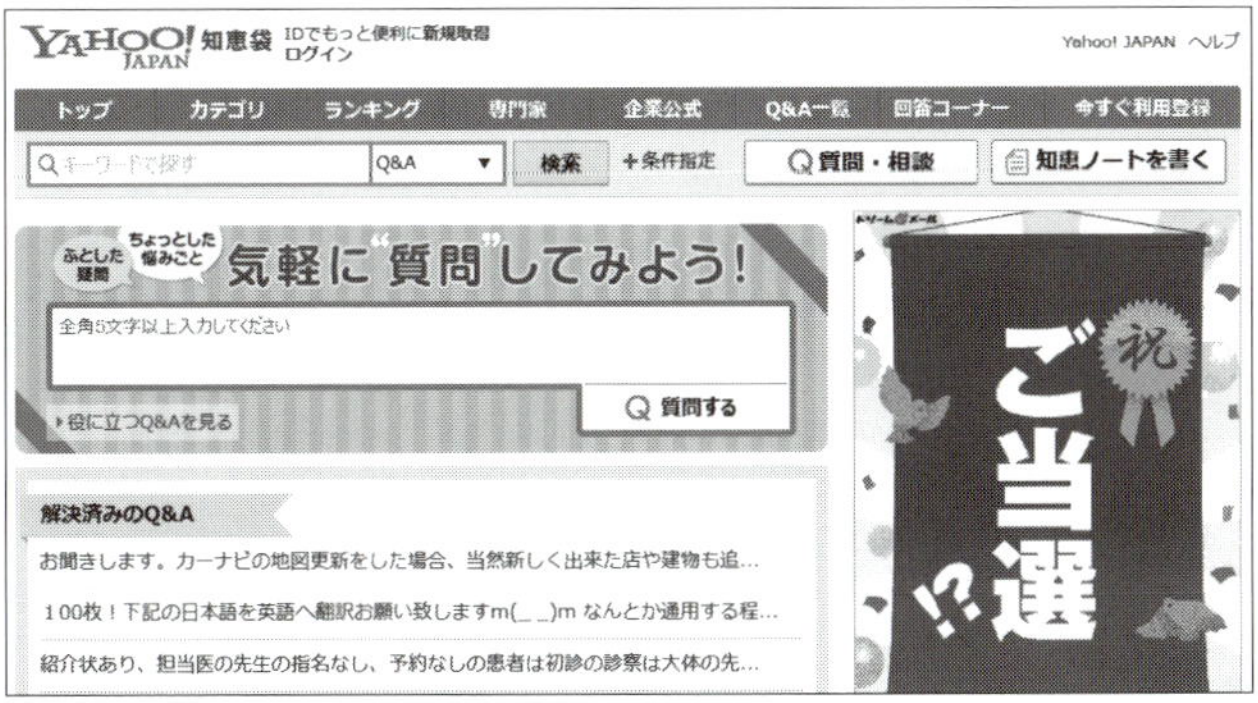

広告主の視点で考えよう

ユーザーと反対の視点も収入アップには不可欠。

何を訴求すればよいか悩んだら広告主の気持ちになろう

筆者も、ユーザーが何を求めているのか、たまにわからなくなることがあります。そういうときはあえてユーザー視点を忘れて、広告主の視点で考えるようにしています。

広告主・企業側はどんな人に商品を購入してもらったり、サービスに加入したりして欲しいのか考えます。そうすることで、どんなニーズがあるかが見えてきて、ユーザーを想像できるようになります(図3)。

広告主はアフィリエイターが考える以上にユーザー視点で考えていますし、きちんとペルソナの設定をしています。自分が広告主になった気持ちでサイトを隅から隅まで見てみると、たくさんのヒントが隠されていることに気がつきます。

逆に、いくらサイトを見渡しても、ペルソナ像が想像できないサイトの商品は本当に売れません。仮に売れているとすれば、安売りをしている場合のみです。

広告主にも響く記事を書こう

ある広告主のアフィリエイト記事を書いたあと、その広告主から連絡が来たことがあります。「新商品を貸し出すので記事を書いてくれないか?」という内容です。

これをきっかけにその企業の方とやり取りをするようになったのですが、あるときなぜ連絡をくれたのか聞いてみました。その答えは、「きちんと広告主のことも考えて、求めている内容を書いてくれていたから」ということでした。嬉しいことに、特別単価も提示してくれました。

アフィリエイトに真剣に取り組んでいる広告主は、アフィリエイターをきちんと見ています。どんな記事が書かれているのか気にしています。だからといって、提灯記事を書けばよいということではありません。ウソを並べてほめてばかりいても連絡は来ませんし、ウソの記事で買われた商品は返品リスクも高いため、逆に提携を解除されるかもしれません。

また、新商品を貸し出してもらえれば、実際に自分で試して記事を書けるので、想像だけで書いているアフィリエイターの記事よりも中身の濃い内容にできます。

もっと利益を上げたいのであれば、広告主に響くように書いてみることをおすすめします。

広告主に聞いてみよう

どうしても何を訴求していいのかわからないときは、直接広告主に聞いてみるのも1つの手です。

方法はいくつかありますが、一番よい方法はASP主催の広告主から話を聞けるセミナーやイベントです。年に何回か開催されています。

実店舗がある広告主なら、そこへ行って、お客さんのふりをして尋ねるという方法もあります。どの商品をおすすめしているか、どういうアピールをしているかを参考にしてみましょう。

店舗がない広告主なら、メールや問い合わせフォームで聞いてみる手があります。返信をくれない企業もありますが、そういう対応の悪い広告主は避けてしまって問題ありません。きちんとした企業なら、アフィリエイトを担当している社員から返事が来て、よい方向に発展していくことがあります。ただし、広告主側の社員も暇ではないので、あまり1人のアフィリエイターにばかり構っていられないという点は理解してあげてください。また、ASPはアフィリエイターと広告主が密に連絡を取り合うことを嫌う場合もあるので、奥の手として考えてください。

図3

同じ商品やサービスを別の視点で考えよう

継続して安定した収入を得るためには

アフィリエイトをずっと続けるにはどうしたらいいかな？

記事のリライト・追記を行おう

検索結果からの流入は非常に大切ですが、次から次へと新しいサイトや記事が生まれている昨今、常に検索結果の上位に位置するのは難しい状況にもなっています。稼げている記事の検索流入の割合や、検索流入が発生しているキーワードの検索結果の順位は、ある程度チェックするようにしてください。順位が下がってきたと思ったら、追記をしたり、リライト（書き直し）したりしましょう。追記やリライトで落ちてきた検索順位を再び上げることが可能です。

ただし、無関係なことを書き足しても検索順位は落ちるだけです。あくまでも狙っているキーワードに関連した、ユーザーが求めていそうな情報を追記しなければ意味がありません。また、リライトにおいても、ガラっと全文を変更するのではなく、基本的なことは残しつつ、「てにをは」のチェックや誤字脱字のチェックをするようにしてください。筆者の場合、時間に余裕があるときは、検索順位が20〜50位の記事も追記やリライトを行っています。

図4は、ある記事で11月に追記・リライトをした際に検索流入がどれだけ変化したかを見たものです。12月は変わらない状態でしたが、1月以降に大きく伸びました。

しかし、ユーザーの意図を無視して、文章量だけ増やして試した場合はまったく検索流入は増えず、逆に減ったこともありました。追記やリライトは、ユーザーの視点で情報を追加すれば効果が出るので、定期的に見直してください。

安定した検索流入を維持・増加させることで、安定した収入に結びつきます。新たに記事を書くよりも手間がかからないので、あまり気分が乗らないときは、記事の追記やリライトをするようにしています。

普遍的なテーマに取り組もう

「人気のスマホ」と書いて想像する

図4

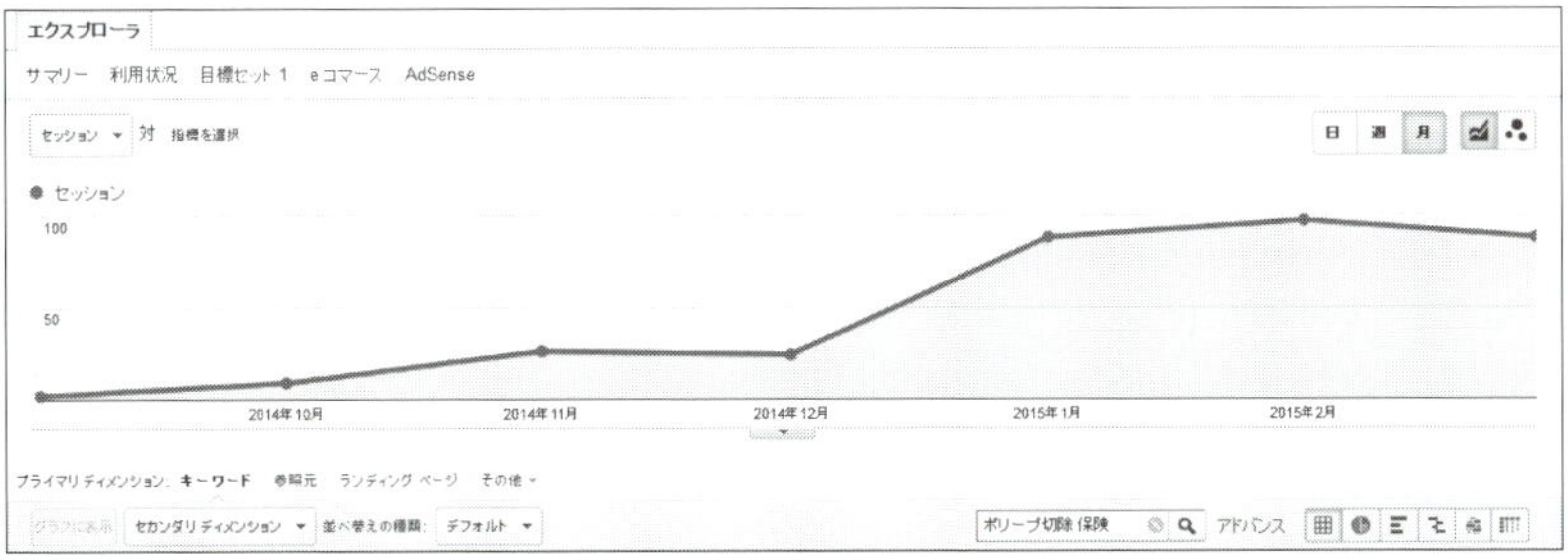

ものは、りんごのマークのスマホしかありませんよね。iPhoneは毎年9月に新機種が発売されますが、その前に記事を量産するアフィリエイターは数多くいます。パソコンに張りついて、更新される情報を次々に記事にしていくというスタイルです。

　この方法は確かに稼げるのですが、その期間はずっと更新し続けないといけない状態になります。しかも翌月には、獲得件数が激減します。

　こういう流行り廃り、新商品の発売時のみ儲かるジャンルで安定収入を得ることは、非常に難しいといえます。安定して稼いでいるアフィリエイターは、流行に左右されにくいジャンルにも取り組んでいます。

　クレジットカードもその一例です。新商品は出てくるものの、クレジットカードは人々の生活に密着しているので、需要が突然減る可能性はかなり少ないジャンルです。

　また、「悩み」に関するアフィリエイトは儲かるうえに安定しているといわれています。たとえば、健康に関すること、性に関すること、恋愛に関すること、就職に関すること、美容に関することなどがあります。こういうジャンルも需要が急に減ることが少ないので、安定して収益を得られるわけです。その代わり、クレジットカードと同様ライバルが多く、参入直後は本当に稼ぎにくいジャンルでもあります。

　言い換えれば、短期的に稼ぎやすいジャンルは安定した収入は難しいけれど参入障壁が低く、長期的に稼ぎやすいジャンルは安定した収入になるけれど参入障壁が高いといえます。しかし、安定収入を得るためにはあえてチャレンジすることも必要です。

筆者はクレジットカードのアフィリエイトも扱っていますが、本書の執筆のため、ここ数カ月はほとんど更新していませんでした。ところが、月に数時間の更新（追記やリライト）のみでも収入は落ちていません。安定した収益構造であることがわかると思います。もちろん、サイトを始めたころはかなりの頻度で記事を書き続けました。記事が300本を超えたあたりから、それほど必死にならって更新しなくても、収益が安定してきました。300本も書くのはすごいと思うかもしれませんが、全然大したことではなく、クレジットカードのアフィリエイトサイトにしては、かなり少ない部類です。それでも安定して10万円くらいの稼ぎになっています。

リンク切れを定期的に確認しよう

困ったことに、広告主がアフィリエイトへの広告出稿をやめてしまうことがあります。そうなると、ほとんどのASPは自社の関連したページにリンクさせるのですが、当然収益は発生しません。

また、引用や参照などのためにほかのサイトにリンクを張ることがありますが、リンク先の閉鎖や記事削除により、リンク切れになることもよくあります。URLをクリックして、「ページが表示できません」「404 Not Found」のようなエラーメッセージが表示される場合は、リンク切れの可能性が高いです。

リンク切れはSEO上よくないと言われるのですが、実際にどこまで影響しているのかはわかりません。

しかし、せっかく見に来てくれた人がクリックしたときにリンク切れになっていては、がっかりするであろうことは想像にたやすいです。SEOの効果としてリンク切れが悪いと考えるのではなく、来てくれた人に親切ではないということを意識して直すべきです。実際に、しばらく放置していたリンク切れを修正したら、検索流入が微増したことがあります。

リンク切れをチェックしてくれるWebサービスもたくさんあるので、定期的に確認してください。また、提携している広告主がアフィリエイトを中止する場合、ASPからメールで連絡が来ます。管理画面でも通知されるので、早めに修正するようにしましょう。

また、広告主がアフィリエイトをやめてしまっても、ほかのASPで復活することもよくある話なので、確認してみましょう。どうしても同じ商品が見つからない場合は、記事をリライトして似たものを紹介するか、あきらめて広告主のサイトに直接リンクを張るようにしましょう。取り扱っているのがモノならAmazonや楽天で類似商品はだいたいあるので、探してみてください。

最も安定して稼ぐ方法は更新

安定して稼ぐ一番の方法は、更新し続けることです。別に記事をたくさん書くだけが更新ではなく、追記やリライト、リンク切れの修正もサイト更新です。もちろん記事数を増やす更新は大切ですが、その後の手入れも非常に大切です。またデザインについても、ＰＤＣＡを回すことで適宜変更していくと、より効果を発揮します。

広告位置は本当にその場所でいいのか考えて、適切な位置を検証することも重要です。ネットで調べると、ブログを始めて間もない人が「AdSenseの広告位置を変更して効果があった！」といったことを書いている記事がよくあるのですが、真似してもあまり効果がないときもあります。理由は、サイトに訪れるユーザーの属性によって、適切な広告位置は違うからです。

答えは自分で見つけるしかありません。自分で考え、検証して、実践している人だけが、確実に収益を上げていきます。

Column アフィリエイトと似て非なるドロップシッピング

アフィリエイトに似ているもので、ドロップシッピングというものがあります。これは、自身でネットショップを運営するものです。ただし普通のネットショップと異なり、仕入れや発送は自分では行わなくてもいいのです。商品の仕入れや発送は、ドロップシッピングサービスを提供している会社がやってくれます。自分はサイトを作って売り込むだけです。形態的にはアフィリエイトより一歩突っ込んだ方法だといえます。しかしアフィリエイトよりも効率が悪く、一時期は流行りましたが最近は下火になっています。しかしドロップシッピングだけで生計を立てている人はまだいますし、努力次第でアフィリエイト以上の収益も出せるので、気になる人はチャレンジしてもよいかもしれません。ASPでもある「株式会社もしも」が運営している「もしもドロップシッピング」が有名です。

ネタに詰まったら

「書くことがない!」とお悩みのアナタに。

ネタに詰まったときは視点を変えよう

アフィリエイトブログを書いていると、「ネタに詰まってしまった」「ネタがなくなった」と言う人が結構います。筆者もブログを始めた当初に経験しましたが、今ではネタに詰まることはまったくありません。むしろ書きたいことがありすぎて、書く時間が足りないくらいです。

ではどうやって書くネタを見つけるかというと、1つは視点を変えることです。たとえば何かの商品を紹介する際にペルソナを女性にしていたら、今度は「男性視点ならどうか?」と考えれば、記事を書くアプローチはまったく異なります。

宿泊施設を紹介する場合、「家族で」「カップルで」「1人で」「春夏秋冬で」など、それぞれの視点で説明する記事を書けば、ネタに困ることはありません。同じ宿でも、これで10本以上記事が書けます。

視点を変えれば、いくらでも記事は書けるようになります。年齢、性別、地域、場所、シチュエーション、職業など、いろいろ考えてみてください。

また、先にも書いていますが、Yahoo! 知恵袋はネタの宝庫です。もちろんほかにもユーザー同士で質問、回答し合うサイトはいくつもあります。そのようなQ&Aサイトは大変役に立ちます。ユーザー目線に頭を切り替えられるという意味でも、非常に有益です。筆者の場合は、Yahoo! 知恵袋を毎日15分以上は見ています。

ASPのセミナーに参加する

ほかの章でも触れましたが、セミナーに行くとお試し品をもらえることがあり、詳しい記事を書けるようになります。昨年だけでも、筆者は20回ほどASPのセミナーに参加し、それだけで記事を40本以上書くことができました。セミナーはほとんどの場合無料なので、ぜひ参加してみてください。ネタはいくらでも得られます。

　また、ASPだけでなく、ほかのセミナーに参加してみるのもよいでしょう。たとえばSEOやライティングに関する無料セミナーは、わりと頻繁に開催されていて、勉強にもなるので一石二鳥です。ただし、中には怪しいセミナーもあるので、主催者などを調べるようにしてください。

　筆者は以下のサイトで探しています。一部有料のものもありますが、それでも参加したいものがいくつかあります。

EVENTON
URL https://eventon.jp/

ATND
URL https://atnd.org/

Peatix
URL http://peatix.com/

地域名だけでもコンテンツは量産できる

　地域名で記事を作っていくという方法もあります。昨年くらいから急激に増えているのがキャッシングのアフィリエイトで、「キャッシングを行っている企業名＋都道府県、市区町村」のキーワードで検索から集客するという方法です。

　よく考えるとわかりますが、お金に困っている人はすぐにキャッシングできるところを求めています。近くで借りられる場所を知りたいので、市区町村名で検索する人がある程度多いのです。

　この考え方は、ほかにも応用できます。飲食店やアパレルでも有効です。化粧品でも、特定のカウンセリング化粧品を試すことができる地域名の店舗を紹介して、集客しているサイトがあります。

100%以上のキャッシュバック商品を購入してレビューを書く

　アフィリエイトの案件の中には、実際に商品に支払う金額よりも高い報酬が得られる商品があります。「そんなうまい話があるの？」と思うかもしれませんが、それが多くあるから驚きます。どういうことかというと、たとえば、ある宅配食品のアフィリエイトは、1件1000円の報酬ですが、その宅配商品のお試しセットが1000円になるキャンペーンをよく行っています。自分で張ったリンクから1000円で購入して、

1000円の報酬を得られるので、商品は実質タダです。しかも自分で試せるので、信憑性のあるレビューを書けます。数件成約すれば、あっという間にプラスです。

たとえばA8.netなら、「セルフバック」という特集があり、購入金額の100%以上を得られる商品を簡単に探すことができます。あまり収益を求めていない人なら、これだけでも楽しめるかもしれませんね。

ただし、1つだけ注意点があります。それは、100%以上の報酬が得られる商品を購入すると、その後にメールや電話での勧誘がたくさんきます。これが非常に面倒ですが、「もう購入しないので電話しないでください」と言えばおさまりますので、それほど気にすることでもありません。

無料会員登録や無料で申し込めるサービスを利用する

100%以上のキャッシュバックに考え方は似ていますが、こちらはまったく無料で行えるものです。

会員制サイトに無料登録してもらえるだけで報酬が得られるアフィリエイトもあります。実際に自分で申し込んでそのサイトの特徴を調べ、記事にしてみましょう。

また、年会費無料のクレジットカードを申し込むことで、高額な報酬を得られることもあります。ある人気のカードでは、「セルフバックを使えば1万円の報酬」ということもありました。さらに8000円分のポイントがつくなんてことも。

本書ではたびたびクレジットカードのアフィリエイトについて触れていますが、実際に筆者が書いた記事のおおまかな内容を紹介しましょう。同じカードの記事を、次のように5本書いたことがあります。

1. 申し込み方法をスクリーンショットを載せながら丁寧に説明する記事
2. 実際に申し込んでから届くまでの期間を丁寧に説明する記事
3. 実際に届いて付与されたポイントで買い物した商品を紹介する記事
4. クレジットカードで実際に商品を購入して得られたポイントを紹介する記事
5. クレジットカードを3カ月使って得られたポイントを説明する記事

昨年私が申し込んだクレジットカードは10枚近く。自分で申し込んでもアフィリエイト報酬が発生するものなので、それだけで5万円以上の収益を得ていますし、記事の読者も申し込んでくれているので、かなりの収益になっています。

外に出てみる

ネタに詰まるということは、視点がせまくなっていることが多いです。そういうときは、とにかく外に出ることです。

アフィリエイトの記事ではありませんが、ただ散歩に出かけただけのことをブログの記事にしたことが何回もあります。

出かけることで、何か新しい気づきがいくつも生まれます。買い物だって外に出ることです。特に物販系のアフィリエイトをしているなら、自身で取り扱っている商品をお店に見に行って、どう演出されているか、どういうキャッチコピーで販売されているか、観察してください。そこに売るためのヒントがあります。チラシやリーフレットをもらってきて、それをしっかりと読むことでも記事になります。

筆者があるショッピングセンターの中にある100円ショップに行ったところ、レジに「クレジットカード使えます」と書いてありました。100円ショップでカードを使えるところは少ないですが、それを見て「ショッピングセンターの中に入っている店舗なら使えるんだ」という気づきを得ました。それを記事にしたところ、かなりの人にいまでも読んでもらえています。それをどう収益化しているのかというと、「そのショッピングセンターが発行しているカードならお得にポイントが貯まります」と紹介して広告を貼っています。これは外に出ないと得られない知識でした。積極的に外へ出てみましょう。

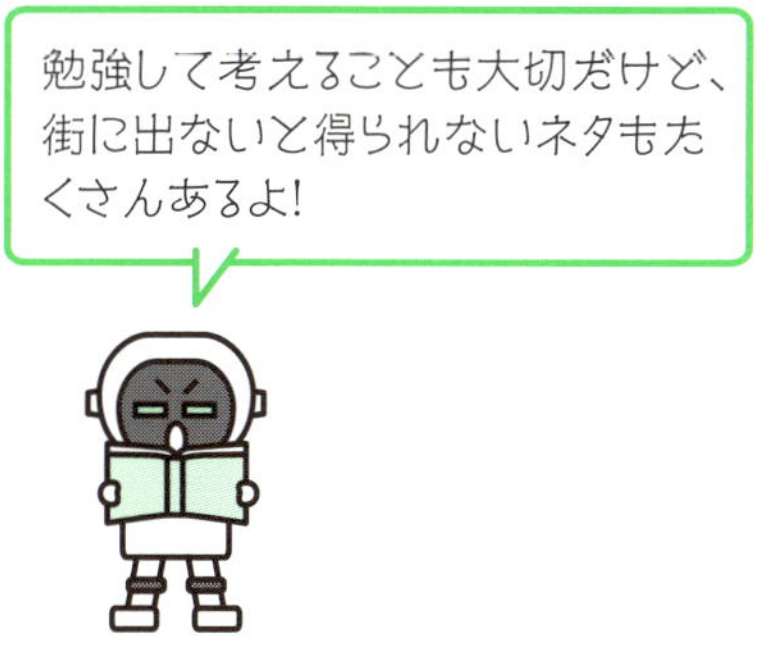
勉強して考えることも大切だけど、街に出ないと得られないネタもたくさんあるよ!

稼ぐためのブログと記事の作り方

丁寧なだけじゃダメ？ わかりやすい文章はどうやって書くんだろう。

わかりやすさが最も重要

稼げる記事のテーマ選びなどは前述しましたが、ここではより読まれるために記事の「わかりやすさ」について説明します。わかりにくい文章は、当然読んでもらえません。

「てにをは」も大切ですが、人はある程度なら誤字脱字や「てにをは」の間違いに気づかないこともあります。それは無意識のうちに修正して読んでいるからです。

ではここでいう「わかりやすさ」は何かといえば、一つは「見やすさ」です。

書籍の場合は改行が多いと読みにくいのですが、ブログの場合はある程度の改行や行間を、適度に織り交ぜることで読みやすくなります。

また、大切なところは太文字にしたり、文字を大きくしたり、文字の色を変えてみたりすることも、読みやすくするポイントです。

改行や行間、文字の大きさ、色というのは、テンポよく読める効果もあり、文字数が多くても読みやすく感じさせることができます。逆に言えば、いくらきれいな文章でも、ブログでは改行がないと読みにくく感じることがあります。

ほとんどのブログサービスでは、「プレビュー機能」で書いたものがどう見えるかチェックできるので、投稿する前に必ず確認してください。

文字サイズや文字の色にこだわろう

文字サイズや文字の色に触れましたが、実際にどんなテクニックがあるのか紹介します。図5の方法は、実際のお店でもよく使われています。価格を訴求したいときは、数字の部分のみを大きくすることで、より目立たせることが可能です。

図5の「￥1,000」は、どちらがよりインパクトがありますか？ 上は「￥」と「1,000」が同じ大きさのため、1,000があまり目立ちません。逆に、下は「￥」を小さいサイズにして、「1,000」を大きくしています。この

ほうが価格を印象的に見せられます。

スーパーのPOPを見て欲しいのですが、ほとんどのものはこのようになっています。昔から行われている手法ですが、いまでも十分効果的です。

また、説明において大切な箇所や、一番言いたいことは、太文字にしたり、文字を大きくしたり、文字の色を変更したりしてみましょう。

色は使いすぎると逆効果なので、最大でも3色までにします。色味は赤、青、緑がよいでしょう。この3色も、意味に応じて使い分けてください。赤＝危険、青＝安全、緑＝安定・安心、というイメージがあるといわれています。実際、そのような印象を持っている人は多いでしょう。これは、

- 赤＝ネガティブなこと
- 青＝ポジティブなこと
- 緑＝ネガティブでもポジティブでもないが、大切なこと

と言い換えてもいいと思います。しかし、色というのは人によって意見が大きく変わるものです。赤＝ポジティブ、青＝ネガティブ、と説明されていることもあります。どちらが正解ということはなく、自身のサイトやブログにあった使い分けをすれば構いません。ただし、サイト全体を通して、使い分けは統一してください。

図5

写真やイラスト、動画も取り入れよう

表現の方法は文字だけでなく写真や動画も大切だということを書いていますが、やはり文字が多いだけでは人は見てくれませんし、読んでくれません。写真やイラストを適切に配置することで、読む側にテンポが生まれ、文章はさらに読みやすくなります。

写真やイラストはフリー素材を使う人も多いですが、できれば自分で撮影した写真や、描いたイラストを

使うようにしてください。デジカメを持っていない場合は、スマホで撮影したものでも構いません。

なぜ自身で用意した写真やイラストがいいのかといえば、それは「オリジナルコンテンツ」になるからです。オリジナルというのは、そこにしかないものです。つまり、ほかのサイトとの差別化にもなっていきます。

ただし写真やイラストを使う場合は、データサイズに気をつけてください。撮影したままの写真をブログに掲載してしまうと、非常にデータサイズが大きく、表示されるまでに時間がかかってしまいます。サイズを縮小して使うようにしてください。パソコンでもスマホでも、無料で画像のサイズを変更できるアプリはたくさんあります。

イラストなんて描けないよ、と言う人も多いのですが、何もペンタブレットなどを使って描く必要はありません。筆者はMicrosoft Excelで描くこともあります。

図6は本当に雑なイラストですが、イメージとして男女が挨拶していることはわかりますよね。ただし、こういう雑なものを使う場面は、適切なフリー素材が見つからないけれど、どうしてもイラストが必要なときだけです。「どうしても必要なとき」というのは、「読者にわかりやすく表現したいとき」も含まれます。この程度なら数分で作成できます。

もちろん、きれいなイラストが描ける人は、ちゃんと描くほうが断然いいです。しかし、自信がない人でも最初からあきらめないで、工夫すればわかりやすいイラストを描けるということだけは覚えておいてください。

図6

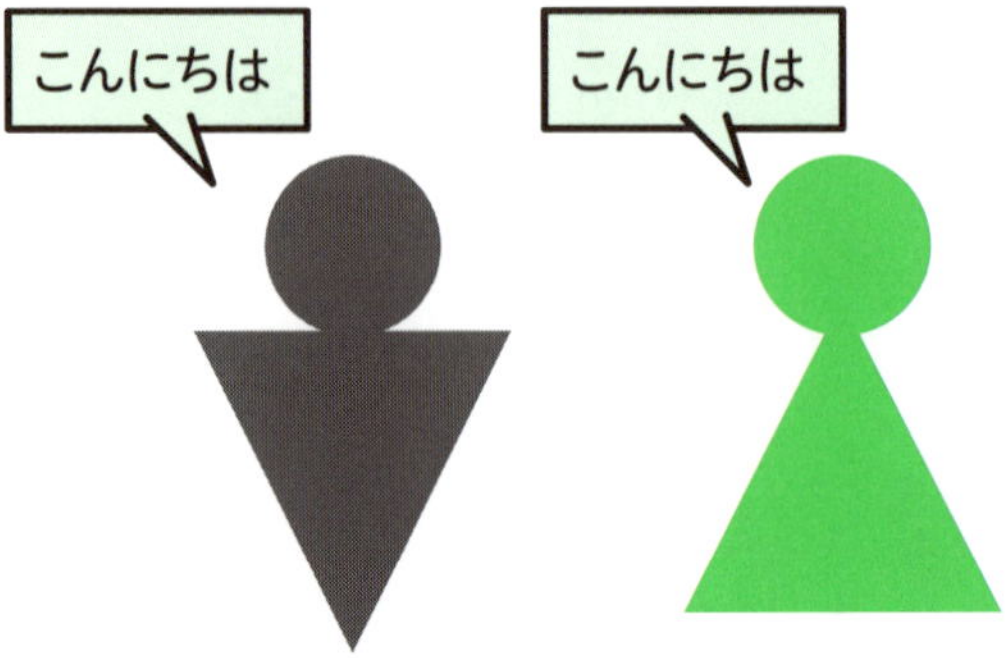

Column「皆さん」ではなく「あなた」

アフィリエイトは商品の購入や、サービスの申し込みがないと収益は発生しません。では、記事を読んで購入してくれる人は誰でしょうか？　そう、記事を読んでくれている「あなた」です。よくあるのが、記事に「皆さん」という言葉を使ってしまうこと。これでは相手に響きません。「皆さん」ではなく「あなた」という言葉を使ってください。読んでくれる人に届けたいのだから、広く呼びかける必要はありません。記事を書くときは「ペルソナを決めるように」と、くどいほど書いていますが、ペルソナを決めているのに「皆さん」という不特定多数の言葉はおかしいと思いませんか。「皆さん」や「ここを読んでいる全員」というような、不特定多数を表す言葉ではなく、「あなた」「君」「You」というように、読んでくれている人１人に語りかけているということを表してください。

価格よりも価値や時間を売る

筆者は、長いこと小売業に勤めてきたので、いろいろなクレームを経験しています。その中でよく言われたセリフが、「時間を返せ」です。

商品というものは、どうしても不良品が発生します。当然ながら返金か交換の対応をしますが、不良品の使用や交換手続きによって失われた時間があります。時間が返ってこないのはわかっていても、感情的になると言いたくなる気持ちはわかります。

ここで再認識したのは、時間はそれだけ大切だということ。高い商品を売るときは、価格で攻めても当然売れません。価値や時間で攻めるのです。「この商品を購入することで、こんなに時間を短縮することができます」と言えば、なんとなく購入したいと感じる人は増えます。

また、その商品を購入することで得られる価値を訴求することでも、購入率は上がります。商品の性能なんて、個人のブログやサイトより、メーカーの公式サイトのほうが詳しく書かれています。あなたのサイトやブログから購入して欲しいのであれば、その商品やサービスに申し込むことで得られる価値を売らなければ意味がありません。これは必ず意識して書くようにしてください。

信頼を得る

人は信頼できるところで商品購入やサービス申し込みをしたいと考えます。これは当然です。まったく知らないメーカーよりも、有名メーカーを選ぶ理由の一つでもあります。

しかしアフィリエイトでは、いま

見たばかりのブログで、購入や申し込みをしてもらわないといけません。つまり、記事を読んだだけの人に信頼してもらわないといけません。

たとえば、筆者が温泉宿を紹介しているブログを見てみましょう。サイドバーに、図7のように記しています。

まず温泉ソムリエであることを大きく表しています。その理由は非常に単純で、ただの温泉マニアが温泉宿を紹介するよりも、温泉ソムリエが紹介したほうが信頼を得られるからです。温泉ソムリエは、実は簡単に取得できる民間資格です。それでも、第三者によって「温泉に詳しい人」と認定されたことには違いなく、「ただの温泉好き」よりも信頼感を得られるのも事実です。

また、全国で600カ所以上の温泉に入ったことも書いていますが、これも実際の数字を示すことで、信頼されやすいからです。記事の書き出しに「温泉ソムリエの鈴木です」「全国で600以上の温泉を巡った鈴木です」などと自己紹介を入れる方法もあります。

ほかにも、信頼を得るためのテクニックはいくつかあります。クレジットカードなら、自分が所有している枚数を書いてもいいでしょう。「これまで20枚以上のクレジットカードを使った管理人が紹介」のように書いておけば、本当にカードに詳しいかわからない人が宣伝するよりも効果的です。

圧倒的な情報量（具体的な数字のデータ）を示す方法もあります。格安SIMを紹介している私のブログは、10社以上の格安SIMで実際に通信速度を計測した数字を掲載しています。使ってもいないのに、「評判では速いですよ」と書いているブログも多いですが、どちらが信頼できるでしょうか。

インターネット上にはウソの情報が混ざっていることを、多くの人が認識しています。そのため、ジャンルやテーマによっては、客観的な情報を提示することが重要になる場合があります。直接対面するわけではないので、記事だけで信頼性をアピールできるようにしてください。

図7

運営者　サイト管理人
温泉こあら
@onsenkoaia
ハンドルネーム：温泉こあら
温泉ソムリエ
温泉をこよなく愛し、旅行も大好きなアラフォー男（既婚）。今まで全国600箇所ほどの温泉に行っています。

共感を得る

資格も持っていないし、データも示せない、という人は、共感を得られるようなことを書いてみましょう。人は、自分と近い境遇の人に共感します。レシピを紹介するブログなら、「5歳と3歳の子どもを育てながら日々奮闘中」と書けば、近い年代のお子さんを持っている人に共感してもらえるでしょう。「同じような子どもを持つ人は、どんな食事をさせているんだろう?」と気になります。平凡だと思うことでも、共感はいくらでも得られますので、積極的に情報は出すようにしてください(身元がバレたくない場合は、個人が特定できない程度に)。

また、アフィリエイトに関する情報を得ようとしてネットを検索すると、書いている人の特徴がある程度似ていることに気がつくはずです。ニート、リストラ、うつ病など、ネガティブなキーワードで自分を紹介しているブログをいくつも見つけることでしょう。これらのキーワードで共感を得ているのです(ウソを書いている人もいそうですが)。

自分の境遇を語ることで、共感や信頼を得られることはよくある話です。商品やサービスを紹介する記事に自分の体験を書くことでも、共感は得られます。自分が感動したことや驚いたこと、よかったことを書くように心がけてください。そうすることで成約率は高まります。

もう一人前の
アフィリエイターだ!

共感を得るためのポイント

- 自分の置かれている環境を説明する
- 自分のネガティブな部分もあえて書くようにする
- 体験や感動をしっかり伝える

信頼を得るためのポイント

- 取得資格など、客観的に見ても事情に詳しいと思わせる情報を提示する
- 数字や生の声など、事実を示す
- 人の意見を参考にしただけの記事にしない

Appendix

SEOの専門家に聞いた！アクセスアップの秘訣

執筆：敷田憲司

Profile サーチサポーター代表。SEO・WEBコンサルタント。大学卒業後、システム開発・運用会社に就職し、メガバンクのシステム部に9年以上常駐。Webサイト運営に興味を持ち、大手SEO会社に転職、サイト運営についてひと通り手がける。2014年に独立、現在に至る。

検索サポーター　URL：http://s-supporter.hatenablog.jp/

●アクセスを増やすための心構え

アフィリエイトサイトだけでなく、すべてのサイトにおいて、商品の購入やサービスへの申し込みなどで利益を上げるためには、ある程度はアクセスを増やす必要があります。第5章でも解説されていますが、SEOはアフィリエイトにとって、とても優れた集客方法です。

もう一度簡単にポイントだけ述べると、アフィリエイトでのSEOとは、狙ったキーワードに関係する記事を書いて露出を増やすこと、より正確にいえば、あるキーワードを検索した人のニーズを満たす記事を書くことです。これこそが、アフィリエイトで成功する心構えだといえます。しかしこれを形として実現することはなかなか難しいものです。

そんなとき手助けになるのはやはり、第5章で紹介されている「サジェストキーワード」や「Googleキーワードプランナー」です。メインのキーワードに関連するキーワードもつかんでおくことは、検索ユーザーのニーズを推測するためにはとても大切なことです。これは、SEOに取り組む前の前提といえます。

●コンテキスト（文脈）を意識して作成する

では、検索ユーザーの意図を汲んだコンテンツを作成するには、どうすればよいでしょうか。コツは検索キーワードそのもので意図を推測するのではなく、コンテキストで推し量ることです。

コンテキストとは文脈のことで、文の前後の脈絡を指します。すなわち、「検索ユーザーの事情や背景関係から考える」ことが大切なのです。

検索キーワードばかりにこだわってコンテンツを作成すると、検索されやすい（ある程度は検索上位に表示される）ものにはなりますが、成約には結びつきにくいでしょう。

検索ユーザーの意図を最終的に満たすのは、アフィリエイトサイトではなく、広告主の商品やサービスです。このことを強く意識して、コンテンツ作りをしてください。

オリジナルの情報を与えることを意識する

もうひとつ大切なことは、オリジナルのコンテンツを作成して、情報やノウハウを提供することです。元の情報ありきのコンテンツであったとしても、そこに独自の理論や考察、視点の違いなどを加えてユーザーに提供しましょう。

まったく新しい情報や独自の考察から生まれたノウハウを提供することは、ユーザーに「価値」を与えることになります。これにより、同様のテーマを扱うサイトとの差別化にもなります。また、最近の検索エンジンはオリジナルコンテンツほど評価が高い傾向にあります。自分の言葉で語ったものを作成してください。

数多くの検索結果から選ばれるようにするには

検索結果には、多くのサイトが一緒に表示されます。数多くの検索結果の中から自分のサイトに目を留めてもらう、クリックしてもらうには、やはりタイトルが一番重要ですが、次いでディスクリプション(概要文)が重要です。

次の図のように、検索結果の画面には、タイトルとセットでディスクリプションが表示されます。ディスクリプションを何も設定していない場合は、検索エンジンが文章の一部

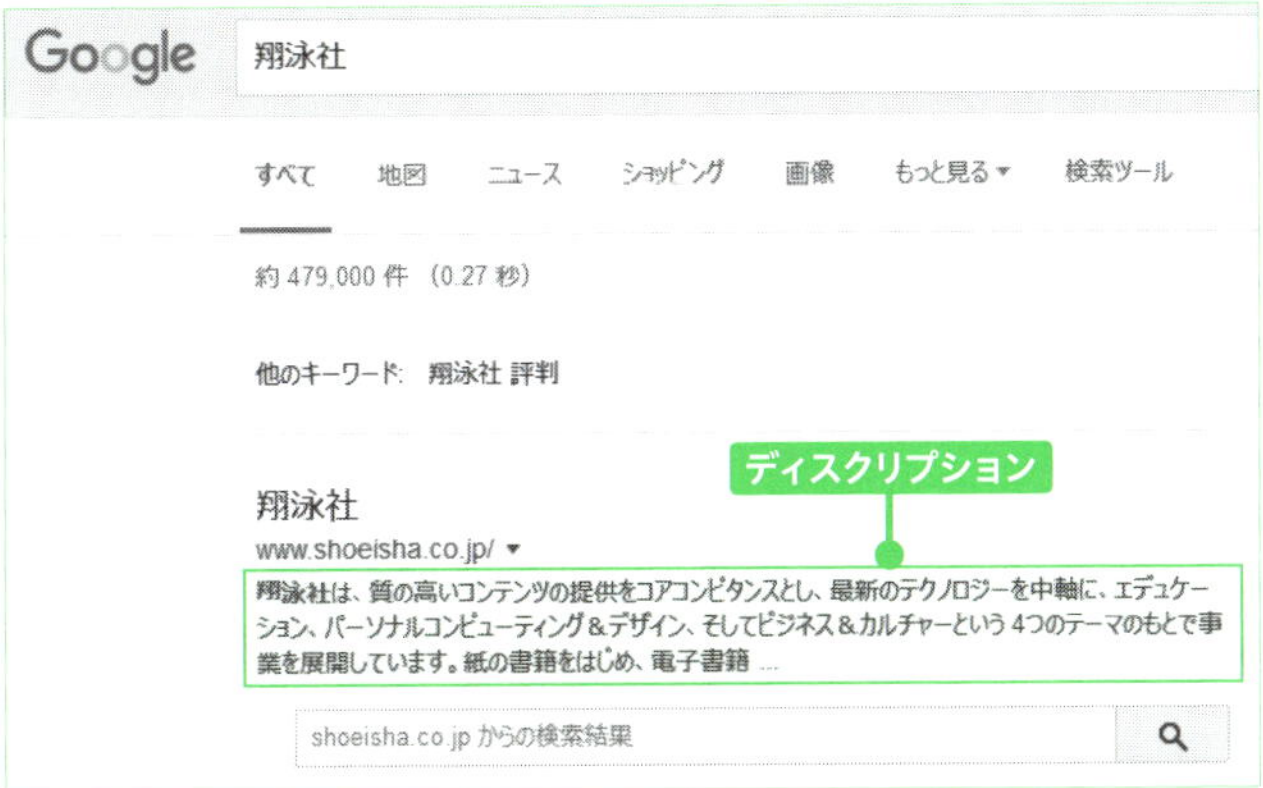
Google
翔泳社
すべて
地図
ニュース
ショッピング
画像
もっと見る
検索ツール
約 479,000 件 (0.27 秒)
他のキーワード: 翔泳社 評判
ディスクリプション
翔泳社
www.shoeisha.co.jp/
翔泳社は、質の高いコンテンツの提供をコアコンピタンスとし、最新のテクノロジーを中軸に、エデュケーション、パーソナルコンピューティング＆デザイン、そしてビジネス＆カルチャーという 4つのテーマのもとで事業を展開しています。紙の書籍をはじめ、電子書籍 ...
shoeisha.co.jp からの検索結果

を自動で抜粋して表示しますが、それが常に適切とは限らないため、自分で書くに越したことはありません。GoogleおよびYahoo! 検索で表示されるのは120文字程度なので、それにおさまるように、端的に記載してください。

　ユーザーが検索結果から内容を判断するのは、タイトルとディスクリプションしかありません。これらをしっかり改善することでアクセスが増え、検索順位もおのずと上がるはずです。

●リライトで記事の質を高める

　6章に書かれていますが、SEO的にも記事のリライトは有効な手段です。既存の記事への検索流入の傾向を分析したうえで、追記やリライトをすれば、新規の記事を書くより手軽で、しかも質の高い記事ができます。

　大切なのは「ユーザーに良質な情報を提供すること」ですから、追加情報として関連する記事へのリンクを張ることもSEOでは有効に働きます。

　自分が書いた記事で関連するものがあるならそこにリンクさせ、外部サイトの記事でも有益であれば遠慮せずにリンクを張りましょう（まれにリンク不可の場合があるので、サイト内で確認してください）。

　リンクは内部、外部に関係なく、関連性が高いほど、ユーザーにとっての価値が上がります。特に内部リンクなら、サイト内を回遊してくれるきっかけにもなります。

　ただし、無関係な記事や、大量のリンクを張ることは、Googleにスパムだとみなされてペナルティを受けるおそれがあるので注意してください。

●SEOは手段であって目的ではない

　SEOはあくまでアフィリエイトで稼ぐための手段です。あまりに固執して、目的にならないように気をつけてください。ユーザーに的確に情報を届けることを意識してコンテンツを作成することがSEOの王道でもあり、アクセスアップの秘訣です。

SEOでアクセスアップ!

本書で紹介したアフィリエイト関連サイト一覧（2016年3月現在）

ASP

Amazonアソシエイト…… https://affiliate.amazon.co.jp/
楽天アフィリエイト……http://affiliate.rakuten.co.jp/
A8.net ……http://www.a8.net/
バリューコマース…… https://www.valuecommerce.ne.jp/
e-click……https://www.e-click.jp/
xmax……https://www.xmax.jp/
アフィリエイトB……https://www.affiliate-b.com/
アクセストレード…… https://www.accesstrade.ne.jp/

ブログサービス／ブログランキング

はてなブログ……http://hatenablog.com/
FC2ブログ……http://blog.fc2.com/
Seesaaブログ……http://blog.seesaa.jp/
アメーバブログ……http://ameblo.jp/
人気ブログランキング……http://blog.with2.net/
にほんブログ村…… http://www.blogmura.com/

サイト作成

Wordpress……https://ja.wordpress.com/
お名前.com…… http://www.onamae.com/
エックスサーバー…… https://www.xserver.ne.jp/

Google

Google Analytics .... https://www.google.com/intl/ja_JP/analytics/

Google Search Console

.... https://www.google.com/webmasters/tools/home?hl=ja

Googleトレンド...https://www.google.co.jp/trends/

Googleキーワードプランナー.......https://adwords.google.co.jp/keywordplanner

Google AdSense...................................https://www.google.co.jp/adsense/start/

SNS

Twitter ....https://twitter.com/?lang=ja

Facebook...https://www.facebook.com/

はてなブックマーク .... http://b.hatena.ne.jp/

その他

WP Total Hacks..................... https://ja.wordpress.org/plugins/wp-total-hacks/

Ptengine... https://www.ptengine.jp/

まぐまぐ！..http://www.mag2.com/

もしもドロップシッピング ....http://www.moshimo.com/

EVEVTON .... https://eventon.jp/

ATND .... https://atnd.org/

Peatix ....http://peatix.com/?lang=ja

Yahoo! 知恵袋 .... http://chiebukuro.yahoo.co.jp/

本書内容に関するお問い合わせについて

このたびは翔泳社の書籍をお買い上げいただき、誠にありがとうございます。弊社では、読者の皆様からのお問い合わせに適切に対応させていただくため、以下のガイドラインへのご協力をお願い致しております。下記項目をお読みいただき、手順に従ってお問い合わせください。

●ご質問される前に

弊社Webサイトの「正誤表」をご参照ください。これまでに判明した正誤や追加情報を掲載しています。

正誤表　https://www.shoeisha.co.jp/book/errata/

●ご質問方法

弊社Webサイトの「刊行物Q&A」をご利用ください。

刊行物Q&A　https://www.shoeisha.co.jp/book/qa/

インターネットをご利用でない場合は、FAXまたは郵便にて、下記“翔泳社 愛読者サービスセンター”までお問い合わせください。
電話でのご質問は、お受けしておりません。

●回答について

回答は、ご質問いただいた手段によってご返事申し上げます。ご質問の内容によっては、回答に数日ないしはそれ以上の期間を要する場合があります。

●ご質問に際してのご注意

本書の対象を越えるもの、記述個所を特定されないもの、また読者固有の環境に起因するご質問等にはお答えできませんので、予めご了承ください。

●郵便物送付先およびFAX番号

送付先住所　〒160-0006　東京都新宿区舟町5
FAX番号　03-5362-3818
宛先　（株）翔泳社 愛読者サービスセンター

※本書に記載されたURL等は予告なく変更される場合があります。
※本書の出版にあたっては正確な記述につとめましたが、著者や出版社などのいずれも、本書の内容に対してなんらかの保証をするものではなく、内容やサンプルに基づくいかなる運用結果に関してもいっさいの責任を負いません。
※本書に掲載されているサンプルプログラムやスクリプト、および実行結果を記した画面イメージなどは、特定の設定に基づいた環境にて再現される一例です。

著者プロフィール

鈴木 利典（すずき・としのり）

1971年愛知県生まれ。1996年明治大学卒。国内最大手の小売業に就職し、販売について学ぶ。在職期間中にはパソコンショップの店長も経験。2011年よりWeb関連企業に出向、アクセス解析やメールマーケティングを担当する。2016年2月よりアフィリエイトをメインとした個人事業主として活動、同時に法人から個人までを対象にしたWebおよびアフィリエイトに関するコンサルティングも行っている。アフィリエイトのジャンルは金融から通信関係、健康食品まで幅広く扱う。温泉が好きで全国600カ所以上を巡り、温泉ソムリエの資格も取得。趣味はやはり温泉巡りを兼ねた旅行、写真撮影、ブログでの雑文書きと散歩。

個人ブログ「鈴木です。」　https://suzukidesu.com/
Twitter　https://twitter.com/suzukidesu_com

装丁・本文デザイン　大下賢一郎
DTP　BUCH+
イラスト　伊藤さちこ

プラス月5万円で暮らしを楽にする超かんたんアフィリエイト

2016年 4 月14日　初版第1刷発行
2021年12月15日　初版第8刷発行

著　者　鈴木 利典
発行人　佐々木 幹夫
発行所　株式会社 翔泳社（https://www.shoeisha.co.jp/）
印刷・製本　株式会社 シナノ

本書へのお問い合わせについては、175ページに記載の内容をお読みください。
落丁・乱丁はお取り替えいたします。03-5362-3705 までご連絡ください。

ISBN978-4-7981-4410-8　Printed in Japan